AF610114

HISTOIRE

DU

VOYAGE DE CHARLES X

ET DE SA FAMILLE.

PARIS. — IMPRIMERIE DE CASIMIR,
RUE DE LA VIEILLE-MONNAIE, N° 12.

Oh! quelle douleur de quitter la France

HISTOIRE

DU

VOYAGE DE CHARLES X

ET DE SA FAMILLE,

DE SAINT-CLOUD A CHERBOURG,

POUR SERVIR DE SUITE ET DE COMPLÉMENT

A L'HISTOIRE DE LA MÉMORABLE SEMAINE DE JUILLET 1830;

PAR CH. LAUMIER.

TROISIÈME ÉDITION, REVUE ET CORRIGÉE.

PARIS.

PIERRE BLANCHARD, LIBRAIRE,

QUAI DE L'ÉCOLE, Nº 10, AU 1er.

1830.

HISTOIRE

DU

VOYAGE DE CHARLES X

ET DE SA FAMILLE.

Les journées des 27, 28 et 29 juillet ont décidé du sort de l'ancienne monarchie. Le sceptre de Charles X est brisé, les droits de sa famille sont anéantis, une ère nouvelle a commencé pour la France. Nous avons tracé un tableau rapide des événements qui ont amené ces grands résultats; mais d'autres événements encore appellent notre attention et offrent des sujets à de nouveaux tableaux tout aussi importans, tout aussi variés, tout aussi instructifs pour les nations et les rois; nous croyons, pour l'honneur et pour le bien de notre belle et valeureuse patrie, devoir en tracer au moins l'esquisse.

La nation avait vaincu, sans armes, sans chefs, sans commandements, par la seule puissance de cet instinct de courage et de cet amour pour la liberté qui fait le fond de son caractère. Pendant le combat, et sous le feu de l'ennemi, il s'était formé une commission municipale pour les besoins du moment et pour veiller à la conservation des propriétés; mais le titre qu'avait pris cette commission, en indiquant quelles étaient ses attributions, indiquait aussi dans quelles limites elle entendait les renfermer. Ainsi la France était sans gouvernement.

Après avoir posé pour un instant les armes, le peuple appelait à grands cris une autorité publique, un chef en qui il pût placer sa confiance; qui, devenu le centre du mouvement, et investi d'un pouvoir suffisant, régularisât tout ce qui avait été fait, et utilisât pour le mieux les immenses moyens d'exécution qui se trouvaient autour de lui.

Tous les yeux se tournèrent, tous les

bras se tendirent vers le duc d'Orléans, prince national et patriote, environné depuis long-temps de la confiance et de l'estime publique. La population victorieuse, se défiant peut-être d'elle-même, redoutant que l'ivresse du succès ne lui fît, sur quelques points de la capitale, gâter le plus beau des triomphes, poursuivie par le besoin d'ordre et de régularité que l'on prit maladroitement pour de la peur, lui fit offrir par ses députés la lieutenance générale du royaume; il accepta, Paris retentit d'acclamations unanimes, et la révolution fut consommée.

Cependant la cour de Saint-Cloud, vaincue comme par enchantement, osait méditer encore des attaques et rêver des succès. Charles X, environné d'un nombre assez considérable de défenseurs, délibérait avec quelques courtisans dont faisait partie ce Raguse, deux fois assassin de son pays.

Mais ni les caresses, ni les offres d'argent, de décorations et de grades, ne purent décider à rentrer dans une ville dont ils n'avaient que trop foudroyé les habitants, des soldats humiliés et abattus par une aussi étonnante défaite, et qui rougissaient de voir leurs mains souillées encore du sang de leurs concitoyens. Le morne silence qu'ils gardèrent aux exhortations de leurs chefs, à celles du dauphin lui-même, apprirent qu'ils n'obéiraient plus, si on les commandait pour des meurtres nouveaux; la cour put acquérir la preuve que les mesures cruelles qu'elle avait prises étaient désapprouvées par l'armée comme elles l'étaient par la population.

Ces dispositions défavorables que la garde royale ne dissimulait pas, ces nombreux soldats qui jetaient ou brisaient leurs armes, et, malgré la fusillade de leurs camarades, se rendaient au pas de course à Paris pour y faire leur soumission, jetèrent de l'incertitude et de l'hésitation dans les rangs des royalistes. Le grand acte de la volonté nationale qui appela le duc d'Orléans à la dignité de lieutenant général du royaume, l'ordre intimé par le général Gérard à toutes les troupes de se rendre au camp formé sous Vaugirard, achevèrent ce qu'avait commencé le silence menaçant et les désertions de la garde. L'inquiétude gagna les courtisans, et ils furent tous à la fois frappés d'une démoralisation complète. Le dauphin s'en prenait à tout le monde, accusait le duc de Raguse d'avoir trahi le roi comme il avait trahi l'*autre;* Charles X, le seul qui eût conservé quelque sang-froid pendant ces pénibles moments, avait encore à remettre la paix entre ses défenseurs abattus et découragés.

Charles X, abandonné des ministres qui l'avaient entraîné dans l'abîme de malheurs où il se trouvait, acquit la persuasion que toute agression hostile serait infructueuse et aurait pour sa personne et sa famille des résultats peut-être affreux. Il se décida à quitter ce château de Saint-Cloud, où son conseil avait rédigé les fatales ordonnances du 25 juillet, et placé sous le trône une mine qui venait d'éclater d'une manière si prompte et si terrible. Dans la nuit du 30 au 31, à deux heures, la famille royale monta en voiture et fit le premier pas vers son exil.

Des troupes et de l'artillerie furent laissées en arrière pour protéger la retraite du roi et des siens. Les habitants de Saint-Cloud, qui ignoraient le départ de Charles X, passèrent la nuit dans l'inquiétude. On faisait courir parmi eux le bruit qu'une forte colonne de constitutionnels partie de Paris, devait venir attaquer le château et livrer une bataille dans les rues de leur ville. Le matin du 31, en voyant la garde accoutumée, des troupes bivouaquées dans le parc et l'artillerie en position, ils ne se rassurèrent point. Cependant des ordres arrivèrent, les soldats prirent les armes, s'éloignèrent, et le départ du roi fut publiquement annoncé.

Saint-Cloud fut occupé par l'armée royale depuis le 29 jusqu'au 31 juillet. Un commandant militaire y fut établi comme dans une place de guerre, et dès-lors il devint impossible d'y réunir la garde nationale.

Le 31 juillet, à midi, au moment de l'évacuation et dès que la fusillade cessa, la mairie, où étaient réunis le maire, ses adjoints et le secrétaire, fut envahie, et ces fonctionnaires furent pendant les premiers moments, uniquement occupés à délivrer des bons de vivres qui leur étaient demandés de toutes parts, et à mettre en mouvement la garde nationale qui fut immédiatement conduite au château par son commandant. Ces braves y rencontrèrent leurs frères d'armes de Boulogne, qui, tout organisés et tout prêts avant la retraite de l'armée royale, avaient pu les devancer au château.

Vers deux heures, M. le maire de Saint-Cloud put s'y rendre lui-même avec M. le major de Villeneuve, dépêché de Paris par le colonel Fabvier, chef d'état-major de M. le général Gérard, pour protéger le château. C'était le moment le plus critique. Cependant, grâce aux sages mesures concertées avec cet officier, grâce aussi au zèle de plusieurs élèves de l'Ecole Polytechnique qui étaient présents, à la bonne contenance et à la fermeté des gardes nationaux de Saint-Cloud et de Boulogne, la cour d'honneur fut, après des efforts inouïs, complétement évacuée, et l'intérieur du château mis à l'abri de toute irruption.

M. le major de Villeneuve et M. le maire de Saint-Cloud ne se retirèrent qu'après l'installation du nouveau gouverneur, qui eût lieu à cinq heures et demie du soir, immédiatement après son arrivée. La plus grande difficulté était alors vaincue, et l'installation eut lieu sans obstacle.

La nuit fut tranquille, et le lendemain dimanche, 1er août, jour pour lequel on pouvait concevoir quelques inquiétudes, l'affluence au lieu d'augmenter diminua; et le lundi 2 août tout était, comme par enchantement, rentré dans l'ordre.

Arrivée à Trianon, qui dut rappeler à Charles X bien des souvenirs de sa jeunesse, la cour y passa la journée du 31, et en repartit le 1er août. Vers trois heures après-midi, elle traversa Saint-Cyr en se dirigeant sur Rambouillet. Un détachement de gendarmerie formait l'avant-garde de son escorte; puis venaient les gardes-du-corps, que suivaient les voitures de la cour. Le roi et son fils étaient à cheval, entourés et suivis de gardes-du-corps, de cuirassiers et de gendarmes. Des pièces d'artillerie fermaient la marche. Ce cortége était triste, solennel, et ressemblait à celui qui conduit à sa dernière demeure l'homme que la faulx de la mort a frappé.

Tandis que trois générations de rois allaient silencieusement chercher un asile incertain sur une terre étrangère, Paris, ce même jour 1er août, était dans l'enchantement et l'ivresse. La joie se manifestait de toutes les manières dans cette cité que, pendant soixante heures, avaient effrayée le bruit des fusillades, le mugissement de l'artillerie, les cris des blessés et les encouragements que l'un à l'autre se donnaient les assaillants. La foule inondait les rues, les quais, les places et les boulevards; le bonheur comblait toutes les distances et rapprochait tous les rangs. On s'abordait sans se connaître, on conversait familièrement ensemble comme si l'on eût été de vieux amis. Si ce n'eût été ces héroïques barricades, qui, d'espace en espace, arrêtaient les promeneurs, on ne se fût jamais douté qu'il y eût eu le moindre trouble à Paris, et l'on aurait cru que tous les citoyens étaient appelés à des fêtes.

La noble partie de cette population qui avait conquis, au prix de son sang, la liberté dont les drapeaux se déployaient dans les airs, garda, après la victoire, toute la sublimité de son caractère. Elle avait respecté l'ordre pendant trois jours de combats, elle le respecta au moment du triomphe. Soixante mille hommes, sortis presque tous des classes les moins aisées, circulaient dans la foule chargés encore des armes qu'ils avaient conquises, et avec lesquelles ils avaient vaincu, et il ne vint pas à un seul d'entre eux la pensée de souiller, par une action coupable, la gloire dont tous s'étaient couverts.

L'héroïque semaine de juillet avait été signalée par tous les genres de courage.

Il s'était trouvé des hommes pour braver la mitraille, il s'en était trouvé pour braver les échafauds. Dès le second jour de la lutte, pour inspirer de la confiance à la population parisienne, on avait annoncé un gouvernement provisoire qui n'existait pas. Les membres dont on l'avait composé gardèrent le silence, décidés, en cas de revers, à faire à la cause nationale le sacrifice de leur vie. La lettre suivante, de M. le duc de Choiseul, vint le 1er août apprendre à la nation la noble résignation de l'un de ces hommes intrépides, et révéler celle des deux autres.

A messieurs les habitants de la ville de Paris.

Paris, 1er août 1830.

« Messieurs, une proclamation signée des généraux Lafayette, Gérard, et duc de Choiseul, sous le titre de membres du gouvernement provisoire, *et ayant accepté cette fonction*, fut affichée le 28 juillet et jours suivants sur tous les murs de Paris.

« Le résultat était alors incertain ; la lutte commençait ; un danger imminent existait pour les signataires ; dans le cas où l'armée royale eût triomphé, notre supplice eût suivi sa victoire.

« Mon nom avait sans doute paru utile ; mon aveu ne me fut pas même demandé. Je n'étais rien ; je ne commandais rien ; le seul péril était pour moi : je gardai le silence ; j'aurais cru être un lâche de dire la vérité, puisqu'il ne s'agissait que de ma tête, et je me félicitai de ce que la bienveillance dont la garde nationale parisienne et mes concitoyens m'honorent avait pu paraître de quelque utilité.

« Maintenant que la victoire n'est plus incertaine, il est de ma conscience de déclarer que jamais je n'ai fait partie du gouvernement provisoire, que jamais la proposition ne m'en fut faite. J'ai accepté en silence tous les dangers à l'heure du combat; je dois hommage à la vérité à l'heure de la victoire.

« Le duc DE CHOISEUL,

« *Pair de France, ancien colonel de la première légion, et ex-major général de la garde nationale parisienne.* »

Ces hommes de l'ancien temps, qui ne se figurent pas de révolutions possibles sans massacres, sans têtes coupées et promenées au bout des piques, et qui, à coup sûr, eussent déshonoré celle de 1830, si elle eût été faite par eux et à leur profit, s'étaient, dès le commencement de la bataille, cachés dans leurs caves. Dans les premiers jours d'août, ils se hasardèrent à regarder par les soupiraux, et n'entendant point de cris de mort, ne voyant point de scènes meurtrières, ils reprirent courage et se montrèrent, armés d'une large cocarde tricolore, dans les rues et les places publiques. Trouvant partout le calme qu'inspirent la confiance et la force, ils devinrent furieux de n'avoir aucun acte criminel à reprocher à la population de Paris, et résolurent de troubler à tout prix la désolante tranquillité dont ils étaient spectateurs.

Non dans le but de servir la cause royale, qu'ils reconnaissaient bien comme entièrement perdue, et dont ils ne se souciaient guère, mais dans l'espoir d'armer les vainqueurs les uns contre les autres, et de faire commettre des crimes dont ils pussent accuser la population parisienne auprès des puissances étrangères, ces hommes pervers se couvrirent des vêtements des dernières classes, se chargèrent pour la première fois d'un lourd fusil. Mêlés dans les rangs des braves et véritables ouvriers, ils en séduisirent quelques-uns, parcoururent plusieurs rues de la ville en criant, les uns *vive Napoléon II*, d'autres *vive la République*, et en arrachant les proclamations du lieutenant général aux cris de *à bas d'Orléans*. Pendant ce temps, quelques-uns de leurs semblables distribuaient des affiches pour inviter le peuple à demander le gouvernement républicain, et recommandaient aux marchands de les placarder sur les volets de leurs boutiques.

Ces tentatives furent inutiles. La population de Paris, pleine de confiance dans le lieutenant général, dans la commission municipale, dans les chambres qui devaient s'assembler le 3 août, ne fit pas le moindre mouvement, et les agitateurs en restèrent pour leurs essais criminels; leur audace eut même ceci de bon, qu'elle fit sentir aux autorités la nécessité de brusquer le dénouement du drame sanglant dont on venait de voir les premiers actes, et d'établir promptement le provisoire pour en sortir aussitôt.

Les circonstances amenèrent un hasard singulier et qui n'est pas sans quelque intérêt. Pendant que, le 28 juillet, la population de Paris battait en ruines le trône de Charles X, le bey de Titteri faisait en ces termes sa soumission au roi qui devait bientôt chercher un asile sur une terre étrangère :

« Au nom de Dieu, etc., je reconnais pour mon seigneur et souverain absolu le grand Charles X le Victorieux; je lui paierai le tribut; je lui fournirai les contingents, et je lui obéirai enfin de la même manière et en la même forme que moi ou mes prédécesseurs le faisaient au dey d'Alger; je compte aussi recevoir de Charles X le Victorieux tous les secours et la protection qu'un sujet doit attendre de son légitime et loyal souverain. »

Les environs de Paris suivirent bientôt l'exemple de la capitale. A Versailles, la garde nationale fut organisée aussitôt que le roi eut quitté Trianon, et qu'un régiment de la garde qui tenait garnison dans la ville se fut mis en route; à Neuilly, les habitants prirent les armes, barricadèrent le pont de leur village, et repoussèrent à coups de fusil la garde royale sur la rive droite de la Seine, tandis que les citoyens de Courbevoie et de Puteaux, sans autres moyens d'attaque que des bâtons, des outils d'agriculture ou de jardinage, et leur bravoure, se portèrent à la caserne de Courbevoie, en délogèrent un dépôt du 3e régiment de la garde, et en moins d'une heure s'emparèrent et du bâtiment, et des armes des soldats qui le défendaient.

Des environs de Paris, l'incendie s'étendit de proche en proche, et parvint jusqu'aux extrémités de la France. En vain les autorités royales voulurent s'opposer au mouvement; elles furent partout entraînées, forcées de céder ou de prendre la fuite.

A Rouen, où les nouvelles de Paris sont connues presque aussitôt qu'à Paris même, il se fit des rassemblements dès le 28 juillet; la population demandait des armes et l'organisation d'une garde nationale. L'autorité militaire, qui ne pouvait croire que son parti fût aussitôt vaincu, et qui lui supposait encore des ressources, se mit en opposition avec les citoyens. M. le marquis de Clermont-Tonnerre, ancien ministre de la guerre sous le ministère Villèle, et commandant par *interim* la 14e division militaire, publia le 29 l'ordre du jour suivant, que les habitants de Rouen durent regarder comme une véritable déclaration de guerre.

14ᵉ DIVISION MILITAIRE. — ORDRE DU JOUR.

« Chargé par le roi du commandement provisoire de la 14ᵉ division militaire, je m'empresse d'en informer les troupes qui veillent en ce moment au maintien de l'ordre public, et je me félicite de la marque de confiance dont Sa Majesté m'a honoré dans cette occasion.

« Il est permis d'espérer que la tranquillité ne sera pas troublée dans la division, et les autorités supérieures feront tout ce qu'il sera dans leur devoir de faire pour prévenir les désordres.

« Mais, si cette espérance était trompée, les troupes se rappelleraient qu'il est des circonstances où le développement des moyens militaires devient nécessaire, et où les devoirs habituels de discipline, d'obéissance, de dévouement et de fidélité deviennent plus impérieux, pour préserver la patrie des malheurs qui sont la suite inévitable des divisions intérieures.

« L'intention du roi est que son peuple jouisse en paix des bienfaits que la restauration a assurés à la France ; la garantie des biens est dans l'autorité du roi. Il appartient à ses soldats de la faire *craindre* de ceux qui refuseraient de la respecter dans les hommes investis de sa confiance.

« *Le lieutenant général commandant par* interim *la 14e division militaire,*

« CLERMONT-TONNERRE.

« Rouen, le 29 juillet 1830. »

Le 31, le maire et les adjoints ne pouvant résister au mouvement qui les entraînait, et ne voulant point y obéir, se démirent de leurs fonctions, en autorisant les employés de la mairie à offrir leurs services à l'administration qui succèderait à celle qui abandonnait son poste. Une commission administrative provisoire, composée des principaux négociants et propriétaires, se forma aussitôt, et annonça qu'elle prendrait toutes les mesures, et ferait toutes les nominations nécessaires pour garantir la tranquillité de la ville, la sûreté des personnes et des propriétés.

Le premier acte de cette commission fut de charger le colonel de la garde nationale, qui s'était réunie, sans ordre et malgré les obstacles, de remercier cette milice citoyenne des services qu'elle avait rendus, et d'inviter les habitants qui n'étaient pas encore sur les contrôles à s'y faire inscrire au plus tôt.

La commission municipale, dans l'intérêt de la tranquillité publique, avait jugé convenable de maintenir le drapeau blanc et de faire retirer plusieurs étendards nationaux, que, malgré son invitation, des citoyens avaient arborés sur des édifices publics ou particuliers. Le 1.er août, on n'eut pas plus tôt reçu la proclamation du lieutenant général, qu'une commission départementale, qui s'était formée à l'instar de la commission municipale, fit partout couvrir d'un crêpe funèbre et enlever le drapeau blanc, et le remplaça par le drapeau tricolore, dont bientôt presque toutes les maisons de la ville furent pavoisées.

A Amiens, dès le 29, des attroupements se formèrent dans les rues et se portèrent à Saint-Acheul. Ces vastes bâtiments, qui n'étaient occupés que par quelques ecclésiastiques, furent saccagés; mais personne ne périt. La force armée parvint, en n'employant que des moyens d'exhortation, à faire rentrer les masses dans la ville à une heure du matin. Le 30, la garde nationale se mit sur pied, aidée de la troupe de ligne, et par de nombreuses patrouilles, assura la tranquillité des citoyens. Le 31, à deux heures après midi, le drapeau tricolore fut arboré sur l'Hôtel-de-Ville, au milieu d'acclamations unanimes.

A Lille, le 29, le courrier de Paris, à son arrivée, vit venir au devant de lui deux gendarmes, huit cuirassiers et un officier qui l'escortèrent jusqu'au bureau. Pendant l'examen des dépêches, deux cents personnes environ, rassemblées devant la direction des postes, faisaient entendre le cri de *vive la Charte*. La garde nationale prit aussitôt les armes; et le 30, elle faisait le service concurremment avec la ligne. L'infanterie fraternisa avec le peuple, mais les cuirassiers montrèrent des dispositions différentes; on leur jeta des pierres; on tua un cheval et on blessa quelques hommes. Des charges furent faites dans les rues par cette cavalerie; un vieillard, père de famille, fut tué d'un coup de sabre. Le peuple se souleva; les négociants s'entendirent avec l'infanterie, et rappelèrent les ouvriers dans les ateliers.

Les cuirassiers, le lendemain, soit que l'on se fût mépris la veille sur leurs dispositions, soit qu'ils en eussent changé pendant la nuit, se montrèrent fort pacifiques, et l'on fut bientôt pleinement rassuré sur leur compte. Leur colonel et un de leurs officiers seulement furent consignés. Les autorités civiles et militaires restèrent à leur poste, et bientôt le drapeau tricolore fut arboré.

A Nantes, où commandait le général Despinois, la garde nationale fut obligée de soutenir un combat contre le 10e de ligne. Elle finit par s'emparer de ses postes après une résistance opiniâtre. Plusieurs hommes furent tués de part et d'autre, et les deux partis comptèrent beaucoup de blessés. Un même patriotisme enflamma subitement les citoyens. On planta des palissades, on éleva des barricades, on coupa un pont, et on se prépara à une défense vigoureuse. Heureusement que l'on n'eut point d'autres occasions de faire preuve de courage, et que le calme reparut bientôt avec le drapeau tricolore.

A Toulouse, le 3 août, au coucher du soleil, le drapeau tricolore fut arboré sur le sommet du Capitole. Voici les faits qui amenèrent cet événement. Depuis trois jours, des lettres particulières, et même, dit-on, quelques journaux arrivés en fraude, avaient appris vaguement aux habitants de Toulouse le terrible état de la capitale. Le préfet, interrogé, avait répondu qu'il ne savait rien. Des bruits sourds et menaçants couraient toutefois parmi les groupes stationnés sur divers points de la ville. Le courrier de Paris n'arriva pas dans la journée du samedi. L'exaltation s'accrut, mais la certitude manquait encore. Une grande force militaire fut déployée par l'administration pour assurer la tranquillité. La nuit fut paisible.

Le lendemain matin, ce courrier arriva. Les fleurs de lis de la malle avaient été effacées, et un voyageur qui s'y trouvait annonça l'établissement à Paris d'un gouvernement provisoire. Toutes les apparences d'un mouvement se manifestaient dans la ville. Il devenait urgent de prendre un parti.

Vers trois heures, les autorités se rendirent à l'Hôtel-de-Ville; un nombreux piquet d'artillerie à pied, le sabre nu, se rangea sur deux lignes sur la Place Royale. M. de Saint-Raymond, adjoint du maire, en costume, lut d'une voix forte une proclamation qui appelait autour de l'autorité royale les habitants de la Haute-Garonne.

La lecture en était à peine achevée, que des cris de *vive la Charte* partirent de toutes parts au milieu du groupe qui environnait M. de Saint-Raymond. La troupe commença à défiler pour se porter sur d'autres points de la ville. Une foule nombreuse de jeunes gens accourut sur son passage pour la saluer des mêmes acclamations. La proclamation fut lue en plusieurs endroits, toujours accompagnée de ce cri. Quand l'artillerie revint, elle était précédée, environnée, suivie d'une foule d'ouvriers qui criaient : *vive la Charte ! vive l'artillerie !*

Le même jour, la nouvelle se répandit que le courrier de Paris était arrivé dans la nuit, annonçant la déchéance du roi Charles X, et l'adoption des couleurs tricolores par le nouveau gouvernement. De forts attroupements se formèrent alors. Ils parcoururent la ville dans tous les sens, portant en triomphe des drapeaux tricolores, et arrachant les fleurs de lis partout où ils les rencontraient. Le préfet manda les notables de la ville pour leur demander un peu de calme jusqu'aux nouvelles officielles. Ce calme ne put être obtenu. A trois heures, toute la garnison fut sur pied. Deux forts piquets étaient stationnés sur la Place Royale. Des jeunes gens promenèrent au milieu des troupes silencieuses un drapeau tricolore, qui fut bientôt arboré par eux à celle des fenêtres du Capitole qui donne sur le foyer du théâtre.

Un groupe immense survint bientôt du faubourg Saint-Cyprien, portant un semblable drapeau. Mais un très-grand appareil militaire fut déployé aussitôt, et la plus grande partie de la garnison cerna l'étendard tricolore, qui demeurait immobile au milieu de la place avec ses défenseurs. L'arrivée de la gendarmerie excita des cris de colère.

Le bruit s'était répandu que l'intention des autorités était de proclamer roi le duc d'Angoulême, en vertu de l'abdication de Charles X. Aussi, dès que le préfet, environné de gendarmes, et le général, à la tête de son état-major, parurent à l'entrée de la rue de la Pomme, ils furent accueillis par des vociférations, et même, dit-on, par des coups.

Alors, le commandant de la gendarmerie précipita son cheval sur le drapeau, sabrant ceux qui l'environnaient. Le groupe opposa une vigoureuse résistance, en reculant toujours vers les nombreux cafés qui occupent un des côtés de la Place Royale. La gendarmerie voulut les y poursuivre ; là, les chaises et les tables furent brisées par la foule, pour s'en faire des armes. Les assaillants furent chargés par une grêle de pierres et de débris. Quelques coups de feu furent échangés. Les artilleurs à cheval parurent s'ébranler ; mais au lieu de charger la multitude, ils défilèrent dans la rue de la Pomme, d'où bientôt ils revinrent au grand galop se former en ligne derrière l'infanterie. La gendarmerie, poursuivie sur tous les points par le peuple furieux, fut obligée de fuir de tous côtés, au milieu des troupes immobiles. Deux coups de pistolet furent tirés sur le commandant sans le toucher. Un gendarme tua d'un autre coup de pistolet le cheval d'un artilleur. Quelques personnes furent blessées, mais personne ne fut tué. Un gendarme fut démonté.

Cependant, les attroupements s'étaient en partie dissipés pour aller chercher des armes. Des combattants montés sur les toits empilaient des tuiles à canal; d'autres brisaient ce qui restait de chaises, et s'occupaient à dépaver les rues. Toutes les boutiques étaient fermées; une grave conflagration approchait. La multitude qui environnait le carré des troupes assaillait toujours le préfet et le général, par des débris qui passaient sur la tête des soldats.

A cinq heures, un mouvement s'opéra dans la foule, et des applaudissements retentirent. Le courrier venait d'arriver, et avec lui la proclamation du duc d'Orléans, comme lieutenant général du royaume. Cette proclamation fut lue aux autorités, qui se retirèrent. Les troupes reprirent le chemin de leurs casernes, et une heure après, le peuple arborait sur le Capitole le drapeau tricolore.

Dans la soirée, des groupes tumultueux parcoururent les rues et lès places en criant *vive la Charte!* et en effaçant partout les fleurs de lis. A minuit, le calme fut à peu près rétabli.

Le préfet partit la nuit du 3 au 4, mais ses fonctions furent déléguées au doyen des conseillers de préfecture, qui devait prendre possession du Palais-Royal. Le lieutenant général vicomte de Barbot reçut une estafette du ministre de la guerre, général Gérard, qui ordonnait à la troupe de prendre la cocarde tricolore, et qui remettait au général Raynaud le commandement de la division. Une commission municipale se constitua à l'Hôtel-de-Ville : elle fut désignée provisoirement par le préfet.

Nous ne suivrons pas plus loin cette récapitulation, nous dirons seulement que dans toutes les villes de France, les unes après les autres, la cause populaire fut triomphante, que partout le drapeau tricolore fut déployé. Dans le midi, où l'on craignait quelques désordres, à cause des nombreux partisans qu'y comptait le parti qui venait de succomber, tout se passa avec tranquillité et sans effusion de sang.

La cour était arrivée à Rambouillet accompagnée de soldats excédés de fatigue et mourant de faim. Depuis deux jours ils étaient privés de toute distribution, et comme le patriotisme des paysans se refusait à nourrir des hommes qui portaient des couleurs proscrites, ces malheureux tombaient de besoin; on ne leur donnait rien du château, et cependant ils voyaient marcher, pour le service de la cour, un convoi de trente fourgons remplis de pain. Ainsi les courtisans vivaient dans l'abondance, tandis que ceux qu'un point d'honneur mal entendu attachait à leur cause souffraient les privations les plus pénibles.

Une telle ingratitude excita dans les rangs de grands murmures. Le régiment de la garde commandé par M. de Farincourt avait reçu les proclamations du gouvernement provisoire; les sous-officiers et soldats, désirant se soumettre, demandaient la cocarde tricolore. Le colonel sollicita et obtint de la troupe un délai de vingt-quatre heures; mais avant ce terme, le régiment était entouré par les Suisses, les gendarmes d'élite, quelques escadrons de grosse cavalerie, et aucun soldat ne pouvait sortir des rangs sans être aussitôt fusillé.

Charles X, qui croyait sa cause compromise et non point perdue, pensa qu'au moyen de quelques concessions il conserverait sa couronne. Il se décida donc à faire fléchir son immuable volonté, et envoya par un parlementaire les propositions suivantes au général Lafayette.

« Le roi, voulant mettre fin aux trou-
« bles qui existent dans la capitale et dans
« une partie de la France, comptant
« d'ailleurs sur le sincère attachement de

« son cousin le duc d'Orléans, le nomme « lieutenant général du royaume.

« Le roi, ayant jugé convenable de re- « tirer ses ordonnances du 25 juillet, ap- « prouve que les Chambres se réunissent « le 3 août, et il veut espérer qu'elles ré- « tabliront la tranquillité de la France.

« Le roi attendra ici le retour de la « personne chargée de porter cette dé- « claration.

« Si l'on cherchait à attenter à la vie « du roi et de sa famille, ou à leur liberté, « il se défendra jusqu'à la mort. Fait à « Rambouillet, le 1er août 1830.

« *Signé* CHARLES.»

Cette pièce fournit matière à quelques réflexions.

On y remarquera d'abord qu'il n'y est point question du renvoi de ce ministère funeste, cause de tous les massacres qui avaient eu lieu pendant trois jours dans la capitale. Ainsi le roi comptait garder toujours à la tête des affaires, les hommes exécrables qui avaient fait couler par torrents le sang français. Certes, une pareille prétention n'était pas admissible, et quand même on eût été disposé à traiter, ce ne pouvait être sur de semblables bases.

Ensuite nous savons que, selon les principes constitutionnels, tout acte émané de l'autorité suprême doit, pour être valide, porter le contre-seing d'un ministre à porte-feuille qui répond des suites de la mesure prise, ou de l'exécution des promesses faites. Or celui-ci, n'étant revêtu d'aucune autre signature que celle du roi, il était, selon nos lois mêmes, de la plus complète nullité.

Nous ne doutons pas que Charles X, en faisant des promesses, n'eût la ferme résolution de les exécuter. Mais qui aurait osé répondre à la France que, dans d'autres temps, le parti absolutiste dominant à la cour ne se serait point prévalu d'un défaut de forme pour faire anéantir tout ce qui aurait été accordé au jour du danger?

Quoi qu'il en soit, on ne s'amusa point

à discuter le plus ou le moins de légalité des propositions royales. Elles furent mises à l'écart ; le général Lafayette avait autre chose à faire que de s'en occuper.

Cependant M. Durrau, officier d'état-major, envoyé en parlementaire près des troupes royales qui couvraient la cour, vint dire qu'on demandait une réponse explicite sur l'effet des concessions faites par le roi. Le général Lafayette le renvoya avec un billet portant ces mots :

« On me demande une réponse explicite sur la situation de la famille royale depuis sa dernière agression contre les libertés publiques et la victoire de la population parisienne ; je la donnerai franchement. C'est que toute réconciliation est impossible, et que la famille royale a cessé de régner.

« *Signé* LAFAYETTE. »

Charles X comprit qu'il n'y avait plus en effet de réconciliation possible entre le peuple et lui, et que, demeurât-il sur le trône, il ne pouvait plus entrer dans une ville dont chaque pavé avait été, par ordre de son gouvernement, couvert du sang des citoyens. Il se résigna à abdiquer la couronne ; il obtint de son fils la renonciation à ses droits, et tous deux proclamèrent roi de France le jeune duc de Bordeaux. L'acte qui contenait ces dispositions fut adressé au prince lieutenant général, qui, le même jour, le reçut dans la nuit.

Le *Moniteur* apprit à la France la détermination qu'avaient prise le roi et l'héritier du trône. Comme ce dernier acte de la volonté royale ne fut pas sans quelque influence sur les discussions qui s'ouvrirent plus tard dans les chambres législatives, comme il donna lieu à un discours célèbre que nous rapporterons et dont nous ferons plus bas l'examen, nous croyons devoir en reproduire le texte littéral, sans l'accompagner pour le moment d'aucune réflexion.

Il portait pour suscription : *A mon cou-*

sin le duc d'Orléans, lieutenant général du royaume, et était conçu en ces termes :

Rambouillet, ce 2 août 1830.

« Mon cousin, je suis trop profondé-
« ment peiné des maux qui affligent ou
« qui pourraient menacer mes peuples
« pour n'avoir pas cherché un moyen de
« les prévenir. J'ai donc pris la résolution
« d'abdiquer la couronne en faveur de
« mon petit-fils, le duc de Bordeaux.

« Le dauphin, qui partage mes senti-
« ments, renonce aussi à ses droits en
« faveur de son neveu.

« Vous aurez donc, en votre qualité de
« lieutenant général du royaume, à faire
« proclamer l'avénement de Henri V à la
« couronne. Vous prendrez d'ailleurs tou-
« tes les mesures qui vous concernent,
« pour régler les formes du gouvernement
« pendant la minorité du nouveau roi.
« Ici je me borne à faire connaître ces
« dispositions ; c'est un moyen d'éviter
« encore bien des maux.

« Vous communiquerez mes intentions « au corps diplomatique, et vous me fe« rez connaître le plus tôt possible la pro« clamation par laquelle mon petit-fils « sera reconnu roi sous le nom de Hen« ri V.

« Je charge le lieutenant général vi« comte de Foissac-Latour de vous remet« tre cette lettre. Il a ordre de s'entendre « avec vous pour les arrangements à pren« dre en faveur des personnes qui m'ont « accompagné, ainsi que pour les arran« gements convenables pour ce qui me « concerne et le reste de ma famille.

« Nous règlerons ensuite les autres me« sures qui seront la conséquence du « changement de règne.

« Je vous renouvelle, mon cousin, l'as« surance des sentiments avec lesquels je « suis votre affectionné cousin,

« Charles. Louis-Antoine. »

A mesure qu'il s'éloignait de Paris, Charles X voyait diminuer son escorte, et particulièrement l'infanterie. C'est par des soldats de la garde qui avaient jusque-là accompagné la cour fugitive, que l'on a connu les privations de toute nature que les troupes royales ont éprouvées, et que nous avons rapportées plus haut. Enfin, après son abdication, le roi ayant manifesté l'intention de se rendre à Cherbourg pour s'y embarquer avec sa famille, le lieutenant général lui envoya, en qualité de commissaires chargés de veiller à sa sûreté, le maréchal marquis de Maison, MM. de Schonen et Odillon-Barrot, députés.

Le 2 août, madame la duchesse d'Orléans, accompagnée de ses enfants, nobles imitateurs des bienfaisantes et patriotiques vertus de leurs parents, et de M. le préfet du département de la Seine Delaborde, alla visiter à l'Hôtel-Dieu, les braves, blessés dans les journées des 27, 28 et 29 juillet, en défendant les libertés nationales. Un détachement de cavalerie de la garde bourgeoise formait l'escorte, à la tête de laquelle se trouvait M. le commandant Lenox. M. le capitaine Dechez, M. Pellier, et plusieurs élèves de son manége, marchaient près des portières. Le peuple, qui savait le but de cette course charitable, fit, pendant tout le trajet, éclater les plus vives acclamations.

Le maire de l'arrondissement et M. Dupuytren accompagnèrent les princesses. Dans toutes les salles, elles prodiguèrent les consolations et les encouragements aux citoyens blessés, firent prendre leurs noms, et leur promirent, au nom de la patrie, la récompense que méritaient leur bravoure et leur dévouement.

Cette visite porta l'attendrissement et l'espérance dans tous les cœurs. Les blessés se soulevaient péniblement sur leurs lits, pour admirer l'air d'intérêt et de bonté répandu sur le visage de la princesse et de sa jeune famille. Quoique épuisés par la fièvre et la perte de leur sang, ils retrouvèrent encore des forces pour crier *vive la Charte! vive la liberté! vive madame la duchesse d'Orléans!*

Après un temps assez long, madame la duchesse sortit comblée, ainsi que ses enfants, des bénédictions des blessés et des malades.

Le lendemain 3, le prince lieutenant général fit l'ouverture de la session législative. Sa marche, du Palais-Royal à celui de la Chambre des députés, fut un véritable triomphe. Entouré, pressé par la garde nationale et par le peuple, qui ne pouvaient se lasser de le voir, de lui applaudir, et dont il pressait la main avec une familiarité noble, il arriva presque porté à sa destination, sur les bras des citoyens de toutes les classes, ivres de bonheur et d'espérance.

Son discours d'ouverture fut noble, décent, mesuré, et tel que l'exigeaient les circonstances; il n'éleva aucune accusation contre le gouvernement déchu; il ne parla des malheurs publics que pour promettre de les réparer. Il finit par annoncer que la veille, à onze heures du soir, il avait reçu l'acte d'abdication du roi Charles X, acte par lequel son altesse royale Louis-Antoine de France renonçait à ses droits. Il ordonna le dépôt de cette pièce importante aux archives de la Chambre des pairs, pour en donner officiellement connaissance aux deux chambres législatives, quand elles seraient constituées.

Nous avions déjà, au commencement de chaque session, entendu bien des discours d'ouverture. Tous, à l'exception du dernier prononcé par Charles X, qui contenait une phrase menaçante, tous, disons-nous, étaient remplis des plus belles promesses auxquelles la cour ne pensait plus quand elle avait obtenu le budget. Aussi n'y accordait-on qu'une attention secondaire, et ne le regardait-on que comme une chose d'étiquette et d'apparat. Celui du lieutenant général fut envisagé d'une autre manière. On savait qu'on avait affaire à un prince rempli d'honneur, de loyauté, qui veut le bien du pays, et qui dès son début s'était environné d'hommes dignes de sa confiance et de celle des citoyens. Aussi prit-on au mot chacune de ses paroles, et regarda-t-on comme certaine l'exécution de toutes les promesses qu'il venait de faire. Son retour au Palais-Royal fut un triomphe plus flatteur encore que le premier. Il venait de prendre l'engagement de consacrer tous ses instants au bonheur de la France, et par anticipation, la France avait besoin de lui adresser ses remercîments.........

Cependant Charles X avait formé à Rambouillet un camp où s'étaient groupés autour de lui divers corps de la garde royale. On ne pouvait laisser subsister aux portes de la capitale une force armée qui ne relevait pas du gouvernement établi, et qui, par sa seule présence près de Paris, y entretenait la population dans un dangereux état d'irritation. En effet, le 3, dans l'après-midi, l'agitation prit un caractère alarmant. Le bruit se répandit que la cour emportait les diamants de la couronne; que Charles X, à la suite d'un conseil où avait été appelée la dauphine, retenait comme ôtages deux des commissaires, que sur sa demande on lui avait envoyés, et refusait de continuer sa route.

Il était à craindre que des masses armées ne se portassent, sans ordre et sans commandement, sur Rambouillet, et qu'il n'arrivât des malheurs dont on aurait gémi, mais qu'il serait impossible de réparer.

Le lieutenant général du royaume reconnut alors la nécessité de devancer le mouvement que la prolongation du séjour du roi Charles X à Rambouillet ne pouvait pas manquer de produire, et de placer à la tête des chefs qui, en le régularisant, prévinssent les excès qu'on aurait pu redouter. Il sentit aussi que ses sentiments personnels d'affection et de parenté lui dictaient les mêmes mesures que celles qui lui étaient commandées par ses devoirs envers la patrie, et surtout par celui d'arrêter l'effusion du sang, et d'empêcher les Français de s'entr'égorger de nouveau. Il se décida donc à prendre une détermination subite et vigoureuse. Il ordonna au général Lafayette de faire marcher 6,000 hommes de la garde nationale dans la direction de Rambouillet, espérant que cette démonstration suffirait, tant pour diriger le mouvement populaire que pour déterminer Charles X à prendre le seul parti que tant de circonstances réunies devaient lui faire adopter, celui de s'éloigner et de dissoudre le rassemblement dont il était encore entouré. Aussitôt qu'on vit la garde nationale prête à marcher, le nombre de ceux qui s'y joignirent volontairement prit une telle extension, que trente mille hommes se mirent, avec la rapidité et l'énergie qui caractérisent le peuple français, en route sous le commandement du général Pajol, qui était accompagné du colonel Jacqueminot et de M. Georges Lafayette. Huit cents voitures, fiacres, omnibus, amenèrent en quelques heures l'armée expéditionnaire à Cognières. Les braves de Rouen, de Louviers et d'Elbeuf se joignirent à la garde nationale et aux volontaires parisiens, et bientôt cinquante mille hommes arrivent en vue de Rambouillet.

Quiconque apercevait cette foule immense couvrant la route et se pressant pour aller combattre pouvait redouter une nouvelle effusion de sang. Mais les commissaires, que l'on croyait arrêtés par la cour, précédaient la colonne de quelques heures. Ils voient le roi, le pressent au nom de l'humanité de ne pas faire verser inutilement le sang français, et le décident à continuer sa route. Sur la seule nouvelle du départ du roi, l'armée parisienne s'arrête et ne veut pas même pénétrer dans Rambouillet, de peur de désordre. Cependant une avant-garde de trois cents hommes y entre seule, et l'unique abus de la victoire qu'on ait à regretter, c'est que les vainqueurs se soient emparés de quelques voitures du roi dans lesquelles ils se firent ramener à Paris.

Le 5, l'ordre du jour suivant apprit à la population le succès de l'expédition, et adressa des remercîments, tant à la garde nationale qu'aux braves volontaires de la capitale et des départements qui y avaient pris part.

GARDE NATIONALE DE PARIS.

Ordre du jour du 5 août.

« Tant de prodiges ont signalé la dernière semaine, que, lorsqu'il s'agit de courage et de dévouement, on ne peut plus s'étonner de rien. Le général en chef croit néanmoins devoir exprimer la reconnaissance publique et la sienne pour la promptitude et le zèle avec lesquels la garde nationale et les corps volontaires se sont précipités sur la route de Rambouillet pour mettre fin à la dernière résistance de l'ex-famille royale. Il doit aussi des remercîments aux braves de Rouen, Louviers et Elbeuf, qui, venant fraterniser avec nous, n'ont cru pouvoir mieux remplir cet objet qu'en s'unissant à l'armée d'expédition, sous les ordres du général Pajol et du colonel Jacqueminot.

« Au milieu des services rendus à la patrie par la population parisienne et les jeunes gens des écoles, il n'est aucun bon citoyen qui ne soit pénétré d'admiration, de confiance, je dirai même de respect, à la vue de ce glorieux uniforme de l'École Polytechnique, qui, dans le moment de crise, a fait de chaque individu une puissance pour la conquête de la liberté et le maintien de l'ordre public. Le général en chef prie les élèves de l'École Polytechnique de désigner un de leurs membres pour rester auprès de lui en qualité d'aide de camp.

« Le colonel Poque, aide de camp du général en chef, était envoyé depuis quatre jours, par la commission provisoire et par lui, pour suivre le mouvement des troupes royales, et remplir une mission de patriotisme et de générosité. C'est lorsqu'il attendait le retour d'un parlementaire qu'on a tiré sur lui, et qu'il a été grièvement blessé. Une enquête sévère aura lieu sur cet attentat. Le général en chef se borne dans ce moment à faire connaître la conduite intrépide, intelligente et généreuse du colonel Poque, et à rendre aussi justice au jeune M. Dubois, qui a montré dans cette occasion une intelligence et un courage remarquables, ainsi qu'au brave brigadier de cuirassiers Pradier, et quelques autres qui étaient près du colonel. Les braves volontaires qui, sous les ordres de leur intrépide chef Joubert, ont tant fait dans les trois grandes journées, se sont encore distingués sous les ordres du même chef, vraiment digne d'eux, par leur zèle dans l'expédition de Rambouillet.

« Nos frères d'armes de la patriotique ville du Havre s'étaient aussi mis en marche pour nous secourir; ils sont entrés hier dans la capitale pour fraterniser avec nous.

« LAFAYETTE. »

Monseigneur le duc de Chartres fit le 4 son entrée à Paris, à la tête de son régiment, le 1er de hussards, qu'il amenait de Joigny à marches forcées au secours de la capitale. C'était un beau spectacle que celui de cette population parisienne, naguère si grave et si formidable, et courant si joyeuse et si paisible au devant du jeune prince, espoir de stabilité pour le bonheur que nous promet son père. Le régiment était en bataille à la barrière du Trône. Le jeune duc de Nemours, en uniforme de colonel du 1er de chasseurs, était déjà venu rejoindre son frère, et tous deux attendaient l'arrivée de monsieur le lieutenant général du royaume, venant passer en revue le régiment qui le premier entrait dans Paris, paré des couleurs nationales.

Le peuple entier du faubourg formait un cercle autour des jeunes princes; une foule de cavaliers venus de Paris s'apprêtaient à grossir le cortége. M. le duc de Chartres reconnaissait successivement ses camarades, ses anciens professeurs; à chaque nouvelle reconnaissance, c'étaient nouveaux transports de la part du peuple, qui battait des mains avec enthousiasme, quand il entendait le jeune colonel répéter avec émotion : « Je n'oublierai jamais « l'amitié qu'ont bien voulu me conserver « mes anciens camarades, et la recon-

« naissance que je dois à mes anciens « maîtres. »

A trois heures et demie, M. le duc d'Orléans arriva suivi de ses aides de camp; il passa en revue le régiment de hussards, et le cortége se mit en marche.

En tête se présentait la musique de la garde nationale, confondue avec celle des hussards de Chartres. Venait ensuite la garde nationale à cheval; puis M. le duc d'Orléans, ayant à sa droite M. le duc de Chartres, à sa gauche M. le duc de Nemours, et précédé de deux drapeaux : l'un blanc, encadré de noir, on y lisait : *vive la Charte, vaincre ou mourir*, cri de ralliement des Parisiens durant le combat; l'autre, tricolore; on lisait sur la partie blanche : *les condisciples du duc de Chartres*; il était porté par le jeune Leroy.

A la suite des princes, se trouvait la cavalcade nombreuse des Parisiens, bourgeois et militaires confondus, et le régiment de Chartres fermait la marche.

Aucune troupe ne formait la haie, pas même la garde nationale; aussi le peuple se précipitait affamé, non pas de voir, mais de toucher le prince. Ce n'étaient que serrements de main tout le long de la route. Les chevaux pouvaient à peine marcher. Des ouvriers les tenaient par la bride, et les princes avaient les deux mains mêlées à celles du peuple, qui se renouvelait avec une affluence prodigieuse.

Ainsi, devant une maison du faubourg Saint-Antoine toute criblée de balles, le duc de Chartres s'arrêta et parut visiblement ému, étonné d'une si héroïque résistance. Les habitants de cette maison couvraient les fenêtres et le toit. Ils paraissaient fiers des cicatrices empreintes sur leur humble demeure. Le jeune prince s'inclina respectueusement devant ces braves assis sur la brèche. L'enthousiasme était à son comble; on ne se contenta plus de toucher les princes, on les embrassa à plusieurs reprises. Ce n'était pas un baise-main espagnol, mais bien l'accolade française donnée par le prince au peuple qui a si noblement gagné ses éperons.

Cependant le cortége avançait lentement, à cause des nombreuses barricades à demi détruites, qui tous les vingt pas arrêtaient sa marche. La chaleur était excessive ; les marchands de coco offraient à boire aux princes, qui trinquèrent plus d'une fois avec la foule dans la tasse du peuple, à la santé de la Charte.

Sur les boulevards, vers la porte Saint-Denis, étaient rangés en bataille les volontaires d'Elbeuf, puis ceux de Rouen, et sur la place Vendôme, ceux de Bolbec et du Havre, avec leurs chapeaux goudronnés. Cette troupe, armée de fusils à deux coups et de carnassières de chasse en guise de giberne, offrait un coup d'œil superbe. Tout le monde leur serrait la main ; ils répondaient par les cris de *vivent les Parisiens !* Des larmes coulaient de tous les yeux.

M. le duc d'Orléans s'inclina à plusieurs reprises devant la colonne de la place Vendôme, et les acclamations redoublèrent.

Quand on fut sur la place du Palais-Royal, madame la duchesse et sa nombreuse famille garnissaient la terrasse. Elle semblait impatiente d'embrasser son fils. Mais celui-ci se plaça au milieu du peuple pendant tout le temps que la nombreuse cavalcade parisienne mit à entrer dans les cours ; il attendit l'arrivée de son régiment, qui terminait la marche, vint se ranger en bataille, et bientôt après défila sous les fenêtres, le jeune colonel en tête.

Une chose remarquable : durant le long trajet, et au milieu d'un enthousiasme extraordinaire, les cris de *vive la Charte ! vive le duc d'Orléans !* se firent seuls entendre. Le mot de république ne fut pas une seule fois prononcé, même dans le faubourg ; et, par un instinct merveilleux de légalité, le peuple, qui se retenait à peine de crier *vive Philippe VII*, semblait ne pas vouloir devancer la décision des Chambres, auxquelles seules appartenait de placer sur une autre tête, à la condition du maintien et du développement de nos libertés, cette couronne que la branche aînée des Bourbons a laissée tomber à terre, et que le peuple ne consentira jamais à lui rendre.

Tandis que la famille royale s'éloignait de Paris, sous la protection des commissaires nationaux et du respect que l'on doit à la vieillesse et au malheur, la Chambre des députés s'occupait de la vérification des pouvoirs de ses membres, et sentant combien il était pressant de sortir de l'état provisoire dans lequel on se trouvait, tenait deux séances par jour pour terminer au plus tôt cette opération. Justice fut faite des fraudes électorales, dont le fameux rapport au roi avait accusé le parti constitutionnel, et dont au fait ne s'étaient rendus coupables que les seuls partisans du ministère, qui avaient à leur disposition tous les moyens de déception et de terreur nécessaires pour influencer le choix des députés. Les nominations qui étaient le résultat de la violation du secret des votes furent déclarées nulles, et un bon nombre de prétendus mandataires du peuple renvoyés de la Chambre. La vérification des pouvoirs étant terminée, les députés, pour se conformer aux dispositions de la loi, nommèrent et présentèrent cinq candidats, parmi lesquels le lieutenant général devait choisir le président. Le prince répondit à la députation qui lui fut envoyée à cette occasion, qu'il nommerait le président puisque la loi lui en imposait l'obligation, mais qu'il comptait bien que ce serait la dernière fois que cette nomination serait faite par un autre pouvoir que la Chambre elle-même. Aussitôt il désigna M. Casimir Périer, qui avait obtenu le plus de suffrages lors du scrutin.

Cette réponse et cette nomination furent également applaudies; la France vit avec un inexprimable plaisir celui qu'elle avait placé à sa tête, et qu'elle allait investir d'un titre plus sublime que celui qu'il portait encore, reconnaître les droits d'une des deux chambres électives, et y rendre un éclatant et public hommage.

A peine constituée, la Chambre des députés s'occupa, sur la proposition de M. Bérard, de faire à la Charte constitutionnelle les changements et modifications que les intérêts du jour et que les besoins de l'avenir rendaient nécessaires. Ce fut le moment que les débris du parti vaincu, qui avaient déjà cherché à exciter des troubles le lendemain de la victoire, saisirent pour renouer leur trame heureusement rompue quelques jours auparavant.

Le jour de l'ouverture de la session législative, quelques hommes avaient paru dans les groupes, portant, couvert d'un crêpe noir, un drapeau tricolore sur lequel était écrit *souveraineté du peuple*. On avait enlevé, brisé le drapeau, et arrêté un des agitateurs qui le portaient. Quand la Chambre des députés élaborait dans son enceinte la réforme de notre pacte social, des rassemblements se formèrent sur la place du Corps législatif, et manifestèrent des opinions qui n'étaient point en harmonie avec le système de gouvernement que l'on voulait établir, et qui est en effet le seul qui nous convienne, parce qu'il nous donne toute la liberté dont on jouit dans une république, et toute la stabilité que procure la monarchie. Des appels furent faits aux écoles, qui y répondirent par des affiches, où elles déclarèrent ne vouloir, en aucune manière, influencer les délibérations de la Chambre, et faire aucune démarche qui pût avoir pour but de compromettre la cause de la liberté.

Cette déclaration loyale et patriotique força les manœuvres d'anarchie à changer de tactique. Ne pouvant, au nom d'une république dont personne ne veut, exciter une contre-révolution au profit du parti vaincu, ils essayèrent de jeter la division entre les deux chambres, espérant, à l'aide de troubles, parvenir à déshonorer la plus belle victoire dont pût s'enorgueillir aucune des nations de la terre.

Le 6, dans la soirée, cinq à six cents jeunes gens dont on avait trompé les sentiments libéraux et patriotiques, se dirigèrent vers la Chambre des députés, où l'on devait discuter, disait-on, la question de l'hérédité de la pairie. Ils demandèrent, par des cris, que la dignité de pair de France ne pût point être, comme un héritage, transmise à un fils souvent indigne de la posséder. Plusieurs députés, parmi lesquels on remarquait MM. Girod de l'Ain, Labbey de Pompières, Benjamin Constant et Lafayette, se présentèrent à cette jeunesse, et l'invitèrent à laisser la Chambre discuter librement les objets dont elle avait à s'occuper. Le respect pour le bon ordre, la confiance que les jeunes gens avaient dans les mandataires dont ils venaient d'entendre les paroles, les engagèrent à se séparer et à retourner paisiblement chez eux. Ceux qui comptaient sur l'effervescence de leur âge pour parvenir à organiser le désordre furent encore trompés dans leur espérance.

Tandis que les choses se régularisaient à Paris, les ministres, dont les conseils perfides et les actions criminelles avaient amené la chute du trône de Charles X, fuyaient dans toutes les directions et sous tous les déguisements, dans l'intention de se réunir dans la Vendée, où ils espéraient opérer des soulèvements et arborer l'étendard de la guerre civile. Mais aucun ne parvint à sa destination, et même l'un d'eux vint se livrer aux constitutionnels de la manière suivante.

Le lundi 2 août, à deux heures et demie de l'après-midi, une chaise de poste fut arrêtée à la porte de Tours par la garde nationale. Un seul homme s'y trouvait; il feignait de parler un langage étranger, et se disait courrier de M. Rothschild. On l'interrogea vivement sur le motif de son voyage, et l'on parvint à savoir qu'un voyageur qui l'accompagnait était descendu de voiture à quelque distance pour tourner la ville.

Aussitôt deux gardes nationaux se détachèrent et se dirigèrent vers la route de Bordeaux, où ils ne tardèrent pas à rencontrer un homme qui marchait à grands pas. Un garde champêtre, qui venait à sa rencontre, comprit, à leurs signes, qu'il fallait l'arrêter. L'étranger exhiba alors un passe-port sous le nom de Cambon; on le fouilla; la lettre P, marquée sur son mouchoir et sur sa tabatière, éveilla les soupçons, et deux autres personnes qui survinrent reconnurent M. de Peyronnet. L'une de ces personnes était un ancien magistrat que l'ex-ministre avait persécuté, et l'autre un habitant de Tours, à qui il avait refusé impitoyablement, et dans les termes les plus durs, la grâce du jeune et malheureux Sirjean, condamné pour un délit politique.

Conduit en prison, M. de Peyronnet affecta le plus grand calme, conserva son audace ordinaire, et soutint même la nécessité de ses ordonnances.

Charles X, après avoir renvoyé son infanterie, s'était dirigé sur Dreux. La ville avait arboré le drapeau tricolore; la garde nationale occupait les avant-postes et avait arrêté les officiers chargés de préparer les logements. Les commissaires se présentent; devant leur écharpe tricolore, toutes les barrières s'ouvrent. Entourés par la garde nationale, ils lui annoncent que les hostilités sont terminées, que Charles X n'est plus le souverain du pays, mais qu'il est malheureux, et qu'à ce titre il a droit à tous les égards dus à une auguste infortune. Les gardes nationaux protestent par acclamation, de leur adhésion aux sentiments exprimés par les commissaires; ils portent même la délicatesse jusqu'à dissimuler, autant qu'ils le peuvent, leurs cocardes tricolores, pour ne pas blesser le roi pendant son passage.

C'est le mercredi 4 août que le roi arriva à Dreux à trois heures après midi, dans un profond abattement; des larmes ne cessaient de couler de ses yeux: la dauphine paraissait moins abattue; elle était vêtue plus que simplement; sa tête était couverte d'un chapeau de paille froissé, son cou était sans fichu: la duchesse de Berry était en homme; une redingote verte à collet de velours, un large pantalon, les cheveux ramassés sur son front, telle était sa tenue; elle semblait profondément affectée; ses deux enfants étaient à ses côtés, ils riaient, ils jouaient; ils ignoraient les maux que leur famille a faits à la France. Le dauphin conservait sa même allure; sa figure n'exprimait aucun sentiment. La même voiture contenait toute la famille royale : c'était une voiture dorée de la cour, traînée par huit chevaux de luxe; sept à huit bottes de foin étaient placées derrière. Le cortége, disons-nous, arriva à trois heures; quatre cents hommes de la garde nationale de Dreux, avec la cocarde tricolore, étaient sous les armes. M. Odillon-Barrot les harangua. Les gardes-du-corps entrèrent dans la ville. Quelques régiments de la garde, éclaircis par les combats de Paris et la désertion, firent halte à cinq cents pas des faubourgs pour y bivouaquer. Les commissaires devaient licencier ces troupes.

Il ne restait autour du roi que huit ou dix officiers généraux et Marmont. On distinguait parmi ces premiers M. de Guiche, qui conservait une sorte de gaîté, et une mise dont le soin et la recherche étonnaient au milieu des visages pâles et défaits qui environnaient le roi. M. de Guiche, assure-t-on, ne pouvait s'empêcher d'admirer l'héroïque conduite des Parisiens. « Il est bien malheureux, disait-il, « que de si grandes choses aient été

« exécutées pour une mauvaise cause. »

Il ajoutait qu'ils étaient suivis par quinze mille gardes nationaux de la capitale, et que, s'ils étaient joints par cette armée citoyenne, il serait possible qu'il y eût une bataille à Dreux; que, si on les laissait partir sans les inquiéter, ils quitteraient paisiblement la France.

Depuis quarante-huit heures, les gardes-du-corps et les autres troupes n'avaient pas mangé. Aux portes de la ville, le roi demanda un verre d'eau et de vin, qu'on s'empressa de lui présenter. Il descendit chez M. de Barrey.

Le drapeau tricolore ne cessa de flotter sur les clochers et aux fenêtres des établissements publics.

Le lendemain 5, un voyageur rencontra Charles X à Tillières, entre Nonancourt et Verneuil. Le cortége, qui se dirigeait sur l'Aigle, était ainsi composé : trois pièces de canon, deux compagnies de gardes-du-corps; Charles X et M. le duc d'Angoulême à cheval; dans une voiture qui suivait, se trouvaient madame la duchesse d'Angoulême, madame la duchesse de Berry, le duc de Bordeaux et Mademoiselle; quelques voitures de suite et les deux autres compagnies des gardes. On marchait au pas et dans le plus profond silence.

Les Chambres continuaient à s'occuper des modifications à introduire dans la Charte constitutionnelle du royaume. Ces modifications sont connues et nous ne les rapporterons pas. Tous les pairs de la nomination de Charles X furent exclus de la chambre héréditaire.

Une question restait à juger. Le trône était-il encore occupé? Le prince régnant, en s'éloignant avec son fils et son petit-fils, et se disposant à passer sur une terre étrangère, le laissait-il vacant? C'était ce qu'il fallait décider. Si l'on eût été dans un temps de calme, et si l'on ne fût jamais sorti des bornes sévères de la légalité, la question n'en eût pas même été une. Charles X en abdiquant, le duc d'Angoulême en renonçant à ses droits, avaient tous deux désigné pour leur successeur le duc de Bordeaux, et il ne subsistait pas même l'ombre d'une difficulté. Mais dans un moment où la société était ébranlée sur ses bases, où de long-temps peut-être elle ne devait se rasseoir avec solidité, dans un moment enfin où le ministère avait lui-même, le premier, violé la loi fondamentale de l'État, convenait-il de se piquer d'une fidélité scrupuleuse à un pacte qui venait d'être déchiré avec l'épée, et de remettre les destinées de trente-deux millions d'hommes entre les mains d'un enfant ?

La Chambre des députés ne le pensa pas ; elle déclara que le trône était vacant en fait et en droit, et qu'il était indispensable d'y pourvoir.

A peine, le 7 août, le scrutin eut-il circulé et proclamé le vœu d'une immense majorité sur toutes les questions qui avaient été émises, que sans attendre la manifestation de l'opinion de la Chambre des pairs, la Chambre des députés décida qu'elle irait en corps, à pied et escortée par la garde nationale, porter au duc d'Orléans le résultat de ses travaux, et lui offrir le titre de Roi des Français.

Une foule immense attendait au dehors la sortie de la Chambre, qui se rendit à cinq heures chez le lieutenant général. Arrivés au Palais-Royal, les députés furent reçus par le prince entouré de toute sa famille. M. Laffite lui lut la déclaration, et le duc d'Orléans, d'une voix émue, fit la réponse suivante, qui fut couverte des plus vives acclamations.

« Je reçois avec une profonde émotion « la déclaration que vous me présentez. Je « la regarde comme l'expression de la vo« lonté nationale, et elle me paraît con« forme aux principes politiques que j'ai « professés toute ma vie.

« Rempli de souvenirs qui m'avaient « toujours fait désirer de n'être jamais « destiné à monter sur le trône, exempt « d'ambition, et habitué à la vie paisible « que je menais dans ma famille, je ne « puis vous cacher tous les sentiments « qui agitent mon cœur dans cette grande « conjoncture ; mais il en est un qui les

« domine tous, c'est l'amour de mon « pays. Je sens ce qu'il me prescrit, et « je le ferai. »

Le même jour la Chambre des pairs s'assembla à neuf heures du soir pour prendre connaissance de la déclaration de la Chambre des députés, dont son président venait de recevoir communication. M. le duc de Choiseul fit la proposition que conformément à deux précédents, la Chambre passât immédiatement au scrutin sans discussion. Mais on décida que si un seul membre demandait la parole, on la lui accorderait.

M. de Châteaubriand demanda si la Chambre des pairs croyait encore convenable de délibérer, lorsque déjà la Chambre des députés avait porté sa délibération au lieutenant général du royaume. M. le duc de Broglie répondit qu'il était impossible de ne pas mettre en délibération ce qui avait été transmis au président par la Chambre des députés, dans les formes accoutumées; que cette communication était la meilleure preuve que cette Chambre n'avait pas voulu prendre sur elle le résultat de la délibération ; que d'ailleurs le lieutenant général n'avait ni refusé ni accepté, et qu'il ne se prononcerait que lorsque la Chambre des pairs se serait prononcée elle-même.

Le président ayant annoncé que la discussion était ouverte sur la déclaration adoptée par la Chambre des députés, M. de Châteaubriand prit la parole et prononça le discours suivant.

« Messieurs, la déclaration apportée à cette Chambre est beaucoup moins compliquée pour moi que pour ceux de messieurs les pairs qui professent une opinion différente de la mienne. Un fait dans cette déclaration domine à mes yeux tous les autres, ou plutôt les détruit. Si nous étions dans un ordre de choses régulier, j'examinerais sans doute avec soin les changements qu'on prétend opérer dans la Charte. Plusieurs de ces changements ont été par moi-même proposés. Je m'étonne seulement qu'on ait pu entretenir cette Chambre de la mesure réactionnaire touchant les pairs de la création de Charles X. Je ne suis pas suspect de faiblesse pour les *fournées*, et vous savez que j'en ai combattu même la menace ; mais nous rendre les juges de nos collègues, mais rayer du tableau des pairs qui l'on voudra, toutes les fois que l'on sera le plus fort, cela ressemble trop à la proscription. Veut-on détruire la pairie ? soit : mieux vaut perdre la vie que de la demander.

« Je me reproche déjà ce peu de mots sur un détail qui, tout important qu'il est, disparaît dans la grandeur de l'événement : la France est sans direction, et j'irais m'occuper de ce qu'il faut ajouter ou retrancher aux mâts d'un navire dont le gouvernail est arraché ! J'écarte donc de la déclaration de la chambre élective tout ce qui est d'un intérêt secondaire, et m'en tenant au seul fait énoncé de la vacance vraie ou prétendue du trône, je marche droit au but.

« Une question préalable doit être traitée : si le trône est vacant, nous sommes libres de choisir la forme de notre gouvernement.

« Avant d'offrir la couronne à un individu quelconque, il est bon de savoir dans quelle espèce d'ordre politique nous constituerons l'ordre social. Etablirons-nous une république ou une monarchie nouvelle?

« Une république ou une monarchie nouvelle offre-t-elle à la France des garanties suffisantes de durée, de force et de repos?

« Une république aurait d'abord contre elle les souvenirs de la république même. Ces souvenirs ne sont nullement effacés; on n'a pas oublié le temps où la mort, entre la liberté et l'égalité, marchait appuyée sur leurs bras. Quand vous seriez tombés dans une nouvelle anarchie, pourriez-vous réveiller sur son rocher l'Hercule qui fut seul capable d'étouffer le monstre? De ces hommes fastiques, il y en a cinq ou six dans l'histoire : dans quelque mille ans votre postérité pourra voir un autre Napoléon; quant à vous, ne l'attendez pas

« Ensuite, dans l'état de nos mœurs et dans nos rapports avec les Etats qui nous environnent, la république, sauf erreur, ne me paraît pas exécutable. La première difficulté serait d'amener les Français à un vote unanime. Quel droit la population de Paris aurait-elle de contraindre la population de Marseille ou de telle autre ville de se constituer en république? Y aurait-il une seule république, ou vingt ou trente républiques? seraient-elles fédératives ou indépendantes? Passons par-dessus ces obstacles; supposons une république unique: avec notre familiarité naturelle, croyez-vous qu'un président, quelque grave, quelque respectable, quelque habile qu'il puisse être, soit un an à la tête de l'Etat sans être tenté de se retirer? Peu défendu par les lois et par les souvenirs, avili, insulté soir et matin par des rivaux secrets et par des agents de trouble, il n'inspirera ni la confiance si nécessaire au commerce et à la propriété; il n'aura ni la dignité convenable pour traiter avec les gouvernements étrangers, ni la puissance nécessaire au maintien de l'ordre intérieur ; s'il use de mesures révolutionnaires, la république deviendra odieuse, l'Europe inquiète profitera de ces divisions, les fomentera, interviendra, et l'on se trouvera de nouveau engagé dans des luttes effroyables. La république représentative est peut-être l'Etat futur du monde, mais son temps n'est pas arrivé.

« Je passe à la monarchie.

« Un roi nommé par les Chambres ou élu par le peuple sera toujours, quoiqu'on fasse, une nouveauté. Or, je suppose qu'on veut la liberté, surtout la liberté de la presse, par laquelle et pour laquelle le peuple vient de remporter une si étonnante victoire. Eh bien ! toute monarchie nouvelle sera forcée, ou plus tôt ou plus tard, de bâillonner cette liberté. Napoléon lui-même a-t-il pu l'admettre ? Fille de nos malheurs et esclave de notre gloire, la liberté de la presse ne vit en sûreté qu'avec un gouvernement dont les racines sont déjà profondes. Une monarchie, bâtarde d'une nuit sanglante, n'aurait-elle rien à redouter de l'indépendance des opinions? Si ceux-ci peuvent prêcher la république, ceux-là un autre système, ne craignez-vous pas d'être bientôt obligés de recourir à des lois d'exception, malgré les huit mots supprimés dans l'art. 8 de la Charte.

« Alors, amis de la liberté réglée, qu'aurez-vous gagné au changement qu'on vous propose? Vous tomberez de force dans la république ou dans la servitude légale. La monarchie sera débordée et emportée par le torrent des lois démocratiques, ou le monarque par le mouvement des factions.

« Dans le premier moment d'un succès, on se figure que tout est aisé; on espère satisfaire toutes les exigences, toutes les humeurs, tous les intérêts; on se flatte que chacun mettra de côté ses vues personnelles et ses vanités; on croit que la supériorité des lumières et la sagesse du gouvernement surmonteront des difficultés sans nombre; mais, au bout de quelques mois, la pratique vient démentir la théorie.

« Je ne vous présente, Messieurs, que quelques-uns des inconvénients attachés à la formation d'une république ou d'une monarchie nouvelle. Si l'une et l'autre ont des périls, il restait un troisième parti, et ce parti valait bien la peine qu'on en eût dit quelques mots.

« D'affreux ministres ont souillé la couronne, et ils ont soutenu la violation de la foi par le meurtre; ils se sont joués des serments faits au ciel, des lois jurées à la terre.

« Étrangers, qui deux fois êtes entrés à Paris sans résistance, sachez la vraie cause de vos succès : vous vous présentiez au nom du pouvoir légal. Si vous accouriez aujourd'hui au secours de la tyrannie, pensez-vous que les portes de la capitale du monde civilisé s'ouvriraient aussi facilement devant vous? La race française a grandi depuis votre départ sous le régime des lois constitutionnelles; nos enfants de quatorze ans sont des géants; nos conscrits à Alger, nos écoliers à Paris, viennent de vous révéler les fils des vainqueurs d'Austerlitz, de Marengo et d'Iéna, mais les fils fortifiés de tout ce que la liberté ajoute à la gloire.

« Jamais défense ne fut plus juste et plus héroïque que celle du peuple de Paris. Il ne s'est point soulevé contre la loi, mais pour la loi; tant qu'on a respecté le pacte social, le peuple est demeuré paisible; il a supporté sans se plaindre les insultes, les provocations, les menaces : il devait son argent et son sang en échange de la Charte; il a prodigué l'un et l'autre. Mais lorsque après avoir menti jusqu'à la dernière heure on a tout à coup sonné la servitude; quand la conspiration de la bêtise et de l'hypocrisie a soudainement éclaté; quand une terreur de château organisée par des eunuques a cru pouvoir remplacer la terreur de la république et le joug de fer de l'empire, alors ce peuple s'est armé de son intelligence et de son courage; il s'est trouvé que ces *boutiquiers* respiraient assez facilement la fumée de la poudre, et qu'il fallait plus de quatre soldats et un caporal pour les réduire. Un siècle n'aurait pas autant mûri les destinées d'un peuple que les trois derniers soleils qui viennent de briller sur la France. Un grand crime a eu lieu ; il a produit l'énergique explosion d'un principe : devait-on, à cause de ce crime et du triomphe moral et politique qui en a été la suite, renverser l'ordre de choses établi ? Examinons.

« Charles X et son fils sont déchus ou ont abdiqué, comme il vous plaira de l'entendre, mais le trône n'est pas vacant; après eux venait un enfant, devait-on condamner son innocence ?

« Quel sang crie aujourd'hui contre lui ? Oseriez-vous dire que c'est celui de son père ? Cet orphelin, élevé aux écoles de la patrie dans l'amour du gouvernement constitutionnel et dans les idées de son siècle, aurait pu devenir un roi en rapport avec les besoins de l'avenir. C'est au gardien de sa tutelle que l'on aurait fait jurer la déclaration sur laquelle vous allez voter; arrivé à sa majorité, le jeune monarque aurait renouvelé le serment. Le roi présent, le roi actuel aurait été M. le duc d'Orléans, régent du royaume, prince qui a vécu près du peuple, et qui sait que la monarchie ne peut être aujourd'hui qu'une monarchie de consentement et de raison. Cette combinaison naturelle m'eût semblé un grand moyen de conciliation, et aurait peut-être sauvé à la France ces agitations qui sont la conséquence des violents changements d'un État.

« Dire que cet enfant séparé de ses maîtres n'aura pas le temps d'oublier jusqu'à leur nom avant de devenir homme; dire qu'il demeurera infatué de certains dogmes de naissance après une longue éducation populaire, après la terrible leçon qui a précipité deux rois en deux nuits, est-ce bien raisonnable?

« Ce n'est ni par un dévouement sentimental, ni par un attendrissement de nourrice transmis de maillot en maillot depuis le berceau de saint Louis jusqu'à celui du jeune Henri, que je plaide une cause où tout se tournerait de nouveau contre moi si elle triomphait. Je ne vise ni au roman, ni à la chevalerie, ni au martyre. Je ne crois pas au droit divin de la royauté, et je crois à la puissance des révolutions et des faits. Je n'invoque pas même la Charte, je prends mes idées plus haut : je les tire de la sphère philosophique, de l'époque où ma vie expire. Je propose le duc de Bordeaux tout simplement comme une nécessité d'un meilleur aloi que celle dont on argumente.

« Je sais qu'en éloignant cet enfant, on veut établir le principe de la souveraineté du peuple; niaiserie de l'ancienne école qui prouve que, sous le rapport politique, nos vieux démocrates n'ont pas fait plus de progrès que les vétérans de la royauté. Il n'y a de souveraineté absolue nulle part; la liberté ne découle pas du droit politique, comme on le supposait au dix-huitième siècle; elle vient du droit naturel, ce qui fait qu'elle existe dans toutes les formes de gouvernement, et qu'une monarchie peut être libre et beaucoup plus libre qu'une république; mais ce n'est ni le temps ni le lieu de faire un cours de politique.

« Je me contenterai de remarquer que, lorsque le peuple a disposé des trônes, il a souvent aussi disposé de sa liberté; je ferai observer que le principe de l'hérédité monarchique, absurde au premier abord, a été reconnu, par l'usage, préférable au principe de la monarchie élective. Les raisons en sont si évidentes, que je n'ai pas besoin de les développer. Vous choisissez un roi aujourd'hui : qui vous empêchera d'en choisir un autre demain? La loi, direz-vous. La loi? Et c'est vous qui la faites!

« Il est encore une manière plus simple de trancher la question; c'est de dire : Nous ne voulons plus de la branche aînée des Bourbons. Et pourquoi n'en voulez-vous plus? Parce que nous sommes victorieux; nous avons triomphé dans une cause juste et sainte : nous usons d'un double droit de conquête.

« Très-bien : vous proclamez la souveraineté de la force. Alors, gardez soigneusement cette force; car si dans quelques mois elle vous échappe, vous serez mal venus à vous plaindre. Telle est la nature humaine. Les esprits les plus éclairés et les plus justes ne s'élèvent pas toujours au-dessus d'un succès. Ils étaient les premiers, ces esprits, à invoquer le droit contre la violence; ils appuyaient ce droit de toute la supériorité de leur talent, et au moment même où la vérité de ce qu'ils disaient est démontrée par l'abus le plus abominable de la force, et par le renversement de cette force, les vainqueurs s'emparent de l'arme qu'ils ont brisée! Dangereux tronçons qui blesseront leur main sans les servir.

« J'ai transporté le combat sur le terrain de mes adversaires; je ne suis point allé bivouaquer dans le passé sous le vieux drapeau des morts, drapeau qui n'est pas sans gloire, mais qui pend le long du bâton qui le porte, parce qu'aucun souffle de vie ne le soulève. Quand je remuerais la poussière des trente-cinq Capets, je n'en tirerais pas un argument qu'on voulût seulement écouter. L'idolâtrie d'un nom est abolie ; la monarchie n'est plus une religion, c'est une forme politique préférable dans ce moment à toute autre, parce qu'elle fait mieux entrer l'ordre dans la liberté.

« Inutile Cassandre, j'ai assez fatigué le trône et la pairie de mes avertissements dédaignés ; il ne me reste qu'à m'asseoir sur les débris d'un naufrage que j'ai tant de fois prédit. Je reconnais au malheur toutes les sortes de puissance, excepté celle de me délier de mes serments de fidélité. Je dois aussi rendre ma vie uniforme : après tout ce que j'ai fait, dit et écrit pour les Bourbons, je serais le dernier des misérables si je les reniais au moment où, pour la troisième et dernière fois, ils s'acheminent vers l'exil.

« Je laisse la peur à ces généreux royalistes qui n'ont jamais sacrifié une obole ou une place à leur loyauté, à ces champions de l'autel et du trône qui naguère me traitaient de renégat, d'apostat et de

5.

révolutionnaire. Pieux libellistes, le renégat vous appelle ! Venez donc balbutier un mot, un seul mot avec lui pour l'infortuné maître qui vous combla de ses dons et que vous avez perdu. Provocateurs de coups d'État, prédicateurs du pouvoir constituant, où êtes-vous ? Vous vous cachez dans la boue du fond de laquelle vous leviez vaillamment la tête pour calomnier les vrais serviteurs du roi : votre silence d'aujourd'hui est digne de votre langage d'hier. Que tous ces preux dont les exploits projetés ont fait chasser les descendants d'Henri IV à coups de fourche, tremblent maintenant accroupis sous la cocarde tricolore : c'est tout naturel. Les nobles couleurs dont ils se parent protégeront leur personne et ne couvriront pas leur lâcheté.

« Au surplus, en m'exprimant avec franchise à cette tribune, je ne crois pas du tout faire un acte d'héroïsme : nous ne sommes plus dans ces temps où une opinion coûtait la vie ; y fussions-nous, je parlerais cent fois plus haut. Le meilleur bouclier est une poitrine qui ne craint pas de se montrer découverte à l'ennemi. Non, Messieurs, nous n'avons à craindre ni un peuple dont la raison égale le courage, ni cette généreuse jeunesse que j'admire, avec laquelle je sympathise de toutes les facultés de mon âme, à laquelle je souhaite, comme à mon pays, honneur, gloire et liberté.

« Loin de moi surtout la pensée de jeter des semences de division dans la France, et c'est pourquoi j'ai refusé à mon discours l'accent des passions. Si j'avais la conviction intime qu'un enfant doit être laissé dans les rangs obscurs et heureux de la vie pour assurer le repos de 33 millions d'hommes, j'aurais regardé comme un crime toute parole en contradiction avec le besoin des temps : je n'ai pas cette conviction. Si j'avais le droit de disposer d'une couronne, je la mettrais volontiers aux pieds de M. le duc d'Orléans. Mais je ne vois de vacant qu'un tombeau à Saint-Denis, et non pas un trône.

« Quelles que soient les destinées qui

attendent M. le lieutenant général du royaume, je ne serai jamais son ennemi, s'il fait le bonheur de ma patrie. Je ne demande à conserver que la liberté de ma conscience et le droit d'aller mourir partout où je trouverai indépendance et repos.

« Je vote contre le projet de déclaration. »

Ce discours fut écouté avec une religieuse attention, et, quelle que fût la diversité des opinions, excita une admiration unanime. Après cette courte discussion, à laquelle ne prirent point part quelques pairs qui se retirèrent au moment du scrutin, la Chambre adopta toutes les dispositions contenues dans la déclaration de la Chambre des députés, sauf une modification demandée par M. de Barante, et ainsi conçue :

« La Chambre déclare qu'elle ne peut délibérer sur la disposition de la déclaration de la Chambre des députés, ainsi conçue :

« Toutes les nominations et créations

« nouvelles de pairs, faites sous le règne « du roi Charles X, sont nulles et non « avenues. »

« Elle déclare s'en rapporter seulement sur ce sujet à la haute sagesse du prince lieutenant général. »

La Chambre décida que la déclaration adoptée serait immédiatement portée au prince lieutenant général par une grande députation, à laquelle pourraient se joindre ceux de messieurs les pairs qui le désireraient. La grande députation fut sur-le-champ tirée au sort, et se rendit chez le prince, suivie d'un grand nombre de pairs.

Nous pensons qu'avant de continuer le récit des événements, il convient de faire quelques réflexions sur le discours de M. de Châteaubriand. L'autorité d'un homme d'un talent aussi généralement reconnu est trop puissante, trop décisive, et peut avoir des conséquences trop graves sur l'esprit de quelques lecteurs, pour que nous ne relevions pas ses erreurs.

Après avoir parlé des inconvénients d'une république que personne ne réclamait dans la Chambre, l'orateur cherche à démontrer combien serait mal assise une monarchie improvisée après trois jours d'orage, et qui, de plus, serait en Europe une nouveauté. Quoi! faut-il que l'origine d'une monarchie se perde dans la nuit des siècles pour avoir de la stabilité et faire le bonheur d'une nation. En ce cas, par respect pour l'antiquité, il faudrait repousser toutes les institutions nouvelles, et la fondation d'un trône en est une; il faudrait, de génération en génération, de siècle en siècle, rouler dans le cercle des idées anciennes, et refouler comme un attentat à l'ordre établi tout ce que la progression ascendante des lumières rend forcément nécessaire. Au point où nous en sommes, la France a besoin d'une monarchie assise sur des bases libérales et constitutionnelles. La famille déchue ne nous l'eût point accordée; recevons-la du prince qui en sent comme nous la nécessité, qui nous la donne, ou plutôt qui la reçoit de nous. Cette monarchie est une nouveauté...? Voilà ce qui peut être contesté. Le gouvernement sous lequel nous vivons depuis le 9 août est, à quelques modifications près dans l'acte constitutif, le même que celui qui l'a précédé; nous sommes sous le régime de la Charte de Louis XVIII : le prince appelé au trône descend, comme ses prédécesseurs, de Henri IV; qu'y a-t-il donc de nouveau dans notre monarchie.

Au surplus, eussions-nous fondé une monarchie nouvelle, en quoi aurions-nous outre-passé les droits que donne la victoire. Depuis quand le vainqueur, qui a celui de disposer du sort du vaincu, ne peut-il disposer de son propre sort? Que peut offrir d'incertain et d'effrayant une monarchie nouvelle? Toutes celles de l'Europe et du monde n'ont-elles jamais eu de commencement? La dynastie qui, en 1688, succéda à la maison des Stuarts, ne fut-elle pas, dès son avénement au trône, assise sur des fondements que ne put ébranler la puissance de Louis XIV, et environnée de l'amour du peuple anglais. La monarchie de Napoléon fut aussi une nouveauté; et quelle nouveauté serait aujourd'hui plus ancienne, sans des projets gigantesques et des revers inouïs?

M. de Châteaubriand se trompe quand il dit qu'il n'y a qu'un prince légitime qui puisse soutenir la publicité. De quelle légitimité plus belle un prince peut-il être investi, que les vœux et les suffrages de tout un peuple? Ce fut celle de Napoléon: qui s'avisa, à l'exception de la famille des Bourbons, de la contester en Europe? L'empereur des Français ne régna point dans l'ombre, il ne redouta point la publicité. Louis-Philippe fera de même, il ne craindra point qu'on lui rappelle son origine. Il a été porté au trône par une population de trente-deux millions d'hommes. Il le dira hautement à l'Europe, parce que c'est un plus beau titre de gloire, et le gage le plus solide de sa stabilité.

Il serait temps que l'on s'entendît sur un fantôme que l'on a évoqué depuis la restauration, qu'à chaque moment on nous présente menaçant, et dont quelques personnes voudraient nous faire peur encore aujourd'hui. Nous voulons parler de la légitimité.

En quoi consiste-t-elle ? et quels sont ses droits ? Pour répondre à cette double question, nous nous servirons des propres paroles que M. Benjamin Constant adressa à la Chambre des députés, le 7 août, en répondant à M. de Conny, qui réclamait la couronne de France pour le duc de Bordeaux, et qui menaçait l'Europe d'une conflagration générale.

« J'ai toujours cru que, dans un état paisible, la transmission paisible de l'autorité a l'avantage d'écarter beaucoup d'ambitions et d'éviter les troubles. Si le mot de *légitimité* était restreint à cela, j'admettrais qu'on pût le conserver; mais si par légitimité on entend l'abandon d'un peuple à une famille qui en fasse tout ce qu'elle voudra, qui le torture à plaisir, et, en cas de résistance, le fasse mitrailler, je déclare protester contre cette odieuse légitimité.

« La légitimité, telle que je l'entends, est celle qui émane du vœu du peuple qui donne le pouvoir à une famille, et de l'acceptation, par cette famille, des conditions imposées en échange de la royauté. Si on l'entend autrement, je l'abjure, et je l'abjure à jamais.

« On vous dit que vous violez le principe de la légitimité et vos propres serments en portant un nouveau prince au trône.

« Mais est-il une imagination qui se figure Charles X rentrant dans cette ville, dont tous les pavés sont teints de sang, passant à côté de tombeaux à peine recouverts ! Je ne veux pas insulter au malheur d'une famille déchue ; mais je dis que, pour la tranquillité du pays, pour que des sentiments d'horreur ne surgissent pas dans tous les cœurs, les murs de Paris ne doivent jamais revoir ceux qui ont été cause de tant de morts, et qui ont agi par suite d'une détermination prise depuis si long-temps avec maturité et réflexion.

« Il n'est pas possible de supposer une réconciliation sur tant de milliers de cadavres. Le prince déchu qui se retrouverait au milieu de tant de veuves et d'orphelins n'y rapporterait et n'y trouverait que les sentiments d'une haine implacable. Je ne prononce pas sur ce que va devenir l'objet de la discussion de la Chambre, mais je dis que notre droit et notre devoir est d'indiquer un autre souverain, en lui faisant reconnaître toutes les garanties nécessaires. Je crois, en mon âme et conscience, que le prince appelé par la généralité des vœux de la France, prince citoyen, qui a combattu pour la plus belle des causes, est digne de l'honneur insigne qui lui est destiné.

« J'ajoute un seul mot : l'Europe n'est nullement menacée. Tout le monde sait que nous voulons être libres chez nous; mais l'intention de troubler l'Europe est loin de nos cœurs, et l'Europe s'est déjà prononcée sur les abominables ordonnances du 25 juillet. Partout on admire notre générosité, mais on ne redoute aucun excès de notre part. Je conclus donc différemment du préopinant : j'abjure, j'abhorre les doctrines de légitimité au nom desquelles on a teint de sang tous les pavés de Paris ! »

Le dimanche 8 s'écoula encore dans l'ivresse et la joie. On allait passer d'une situation provisoire à une position fixe et durable. On allait couronner un prince populaire, économe, dont les vertus publiques et privées étaient depuis longtemps le sujet de tous les entretiens. Tout le monde joignait au plaisir et à l'orgueil que procure la victoire, l'espérance d'en tirer d'heureux fruits.

La prestation de serment et la proclamation du nouveau roi avaient été fixées pour le lundi 9 août. Dès le matin, les avenues du palais de la Chambre des députés furent encombrées par une foule immense. A midi, les portes s'ouvrirent, et bientôt les tribunes furent envahies par un grand nombre de dames. On remarquait aussi quelques élèves de l'École polytechnique. Aucun changement important n'avait été fait dans la salle. L'espace ordinairement occupé par la tribune était rempli par une estrade, surmontée d'un dais qu'ombrageaient des drapeaux tricolores. Trois pliants étaient placés en avant du fauteuil qui devait servir de trône, à la gauche duquel on voyait une petite table avec un encrier, tandis qu'une autre table, placée à droite, supportait une couronne, une épée, une main de justice, et les autres attributs de la souveraineté. La tribune du corps diplomatique était entièrement remplie; on y voyait plusieurs dames parées d'écharpes et de guirlandes tricolores. Le colonel Fitz-Clarence y occupait une place.

A une heure et demie, les députés se retirèrent dans le salon des conférences. Ils revinrent bientôt accompagnés de plusieurs pairs, parmi lesquels on remarquait MM. Pasquier, président; de Richelieu, de Lanjuinais, de Montville, de Montaliyet, d'Aligre, Chaptal, Dubreton, Dupuis, Bastard de l'Étang, de Valmy, de Vence, Barbé-Marbois, d'Osmond, de Saint-Aulaire, de la Ville, Gontier, du Coudray, de Boissy, de Plaisance, Dejean, de Montmorenci, de Montesquiou, de Mathon, de Choiseul, de Caraman, Mollien, d'Avaray, de Talleyrand, de Castries, Tascher de la Pagerie, Maurice Mathieu, Klein, de Nicolaï, Truguet, Séguier, Delaplace, Clément de Ris, Dode de la Brunerie, Cadore, de Praslin, de Montebello, Belliard, Siméon, de Louvois, de Mortemart, Roy, Claparède, Portal, Portalis, d'Haussonville, Compens, etc., etc. Le nombre était d'environ quatre-vingt-dix ou cent.

Les commissaires provisoires aux divers départements de la justice, de l'intérieur, des affaires étrangères, de la guerre, des finances et de l'instruction publique, entrèrent dans la salle. M. Dupin aîné alla au devant de M. Guizot, et lui indiqua la banquette la plus rapprochée du trône sur laquelle il devait s'asseoir. MM. Guizot,

Bignon et Louis prirent place sur la banquette à gauche ; MM. Dupont de l'Eure, comte Gérard, comte Jourdan, de Broglie, occupèrent la banquette de droite.

A deux heures un quart, madame la duchesse d'Orléans, suivie de toute sa famille, prit place dans la tribune qui lui avait été réservée. Aussitôt les regards se portèrent sur elle, et l'assemblée s'exprima dans les termes les plus flatteurs sur la modestie et la dignité de la personne que cette séance allait proclamer reine des Français. La mise des jeunes princesses était remarquable par son extrême simplicité, et sans leur beauté, plus remarquable encore, on aurait eu de la peine à les distinguer parmi les filles de leurs concitoyens.

A deux heures et demie, le prince lieutenant général sortit de son palais, précédé et suivi de la garde nationale, entouré d'une foule qui ne pouvait se lasser de le voir, et à qui il présentait la main avec affection. Il était à cheval entre ses deux fils, le duc de Chartres et le duc de Nemours, qui se tenaient un peu en arrière pour ne pas dérober au peuple la vue de leur père. Peu d'instants après, le bruit du canon et le chant de *la Marseillaise* annoncèrent son arrivée aux deux chambres. Il entra précédé de quatre maréchaux de France, MM. le comte Molitor, Macdonald, le duc de Trévise et le duc de Reggio, suivis de leurs aides de camp. Les quatre maréchaux se placèrent debout à côté du trône; les ministres provisoires étaient assis en avant sur des banquettes, comme nous l'avons dit; M. le duc de Chartres et M. le duc de Nemours s'assirent à la droite et à la gauche du prince, et le plus profond silence s'établit dans l'assemblée.

On trouvera peut-être que nous sommes entrés dans des détails un peu minutieux; mais la célèbre séance du 9 août est destinée à exercer sur notre sort une si puissante influence que nous avons cru devoir n'omettre aucune des circonstances qu'on y a remarquées. Pour la prestation de serment et la proclamation du nouveau roi, nous ne croyons pouvoir mieux faire que de copier littéralement ici le procès-verbal qui fut dressé à cette occasion.

PROCÈS-VERBAL

De la séance de la Chambre des Pairs et de la Chambre des Députés, réunies pour recevoir l'acceptation et le serment de S. A. R. Monseigneur le DUC D'ORLÉANS, lieutenant général du royaume.

L'an mil huit cent trente, le 9 août, MM. les pairs et MM. les députés étant réunis au palais de la Chambre des Députés sur la convocation de Mgr. Louis-Philippe D'ORLÉANS, DUC D'ORLÉANS, lieutenant général du royaume, Son Altesse Royale est entrée, suivie de LL. AA. RR. les ducs de Chartres et de Nemours et des officiers de sa maison, et s'est rendue à la place qui lui était destinée sur l'estrade en avant du trône.

Les pairs et les députés étaient debouts et découverts.

S. A. R. ayant pris séance, Monseigneur a dit aux pairs et aux députés : *Messieurs, asseyez-vous.*

S'adressant ensuite à M. le président de la Chambre des députés, Monseigneur lui a dit :

« Monsieur le président dela Chambre « des députés, veuillez lire la déclaration « de la Chambre. »

M. le président en a donné lecture, et l'a portée à S. A. R., qui l'a remise à M. le commissaire provisoire chargé du département de l'intérieur.

S'adressant également à M. le président de la Chambre des pairs : « Monsieur le « président de la Chambre des pairs, veuil- « lez me remettre l'acte d'adhésion de la « Chambre des pairs. » Ce que M. le président a fait; et il a remis l'expédition entre les mains de Monseigneur, qui en a chargé M. le commissaire provisoire au département de la justice.

Alors Monseigneur a lu son acceptation, ainsi conçue :

« Messieurs les Pairs, Messieurs les Dé-« putés,

« J'ai lu avec une grande attention la « déclaration de la Chambre des députés « et l'acte d'adhésion de la Chambre des « pairs. J'en ai pesé et médité toutes les « expressions.

« J'accepte, sans restriction ni réserve, « les clauses et engagements que renferme « cette déclaration, et le titre de Roi des « Français qu'elle me confère, et je suis « prêt à en jurer l'observation. »

S. A. R. s'est ensuite levée, et, la tête nue, a prêté le serment dont la teneur suit :

« En présence de Dieu, je jure d'obser-« ver fidèlement la Charte constitution-« nelle, avec les modifications exprimées « dans la déclaration ; de ne gouverner « que par les lois et selon les lois ; de faire

« rendre bonne et exacte justice à cha-
« cun selon son droit, et d'agir en toutes
« choses dans la seule vue de l'intérêt,
« du bonheur et de la gloire du peuple
« français. »

M. le commissaire provisoire au département de la justice a ensuite présenté la plume à S. A. R., qui a signé le présent en trois originaux, pour rester déposés aux archives royales et dans celles de la Chambre des pairs et de la Chambre des députés.

SA MAJESTÉ LOUIS-PHILIPPE PREMIER, ROI DES FRANÇAIS, s'est alors placée sur le trône, où elle a été saluée par les cris mille fois répétés de *vive le roi!*

Le silence s'étant établi, Sa Majesté a prononcé le discours suivant :

« Messieurs les pairs et messieurs les
« députés,

« Je viens de consommer un grand acte.
« Je sens profondément toute l'étendue
« des devoirs qu'il m'impose. J'ai la con-
« science que je les remplirai. C'est avec

« pleine conviction que j'ai accepté le « pacte d'alliance qui m'était proposé.

« J'aurais vivement désiré ne jamais « occuper le trône auquel le vœu national « vient de m'appeler; mais la France, « attaquée dans ses libertés, voyait l'ordre « public en péril ; la violation de la Charte « avait tout ébranlé ; il fallait rétablir « l'action des lois, et c'est aux Chambres « qu'il appartenait d'y pourvoir. Vous « l'avez fait, messieurs ; les sages modi- « fications que nous venons de faire à la « Charte garantissent la sécurité de l'ave- « nir, et la France, je l'espère, sera heu- « reuse au dedans, respectée au dehors, « et la paix de l'Europe de plus en plus « affermie. »

Monsieur le commissaire provisoire au département de la justice a ensuite invité messieurs les pairs et messieurs les dépu- tés à se retirer dans leurs chambres res- pectives, où le serment de fidélité au roi et d'obéissance à la Charte constitution- nelle et aux lois du royaume serait in-

6.

dividuellement prêté par chacun d'eux.

Et la séance a été levée.

Fait et dressé le procès-verbal à Paris, le neuf août mil huit cent trente.

LOUIS-PHILIPPE.

PASQUIER,
Président de la Chambre des Pairs.

Marquis DE MORTEMART, duc de PLAISANCE, Comte LANJUINAIS,
Secrétaires de la Chambre des Pairs.

CASIMIR PERRIER,
Président de la Chambre des Députés.

J. LAFFITTE, DUPIN aîné, B. DELESSERT,
Vice-Présidents.

JACQUEMINOT, L. CUNIN-GRIDAINE, PAVÉE DE VANDEUVRE, JARS,
Secrétaires de la Chambre des députés.

DUPONT (de l'Eure),
Commissaire provisoire au département de la justice.

GUIZOT,
Commissaire provisoire au département de l'intérieur.

Différents épisodes du plus grand intérêt ont eu lieu pendant cette auguste cérémonie. A peine le prince a-t-il prononcé son serment, qu'un cri universel de *vive le Roi* se fait entendre et ébranle les voûtes de la salle. Les pairs et les députés agitent leurs chapeaux, les tribunes répondent à ces acclamations par les cris de *vive la reine! vive la famille royale.* L'émotion est à son comble; quelques larmes s'échappent des yeux de madame la duchesse d'Orléans dont les regards se portent avec attendrissement sur son époux. Le roi répond à ces félicitations de la manière la plus gracieuse; ses deux fils saluent l'assemblée avec reconnaissance.

Après le discours du roi, qui fut couvert d'applaudissements, l'assemblée tout entière se leva. Le roi descendit lentement les degrés du trône en saluant affectueusement les personnes qui se trouvaient placées près de lui. L'un de messieurs les commissaires provisoires invita le président de la Chambre des pairs et le président de la Chambre des députés à signer le procès-verbal de la séance, et à prier les assemblées qu'ils président de se réunir le lendemain pour continuer leurs travaux.

Telle fut cette séance solennelle, dans

laquelle la France proclama un roi qui nous parlera moins souvent de son aïeul Henri IV, et qui nous le rendra. Tout se passa dans un calme parfait ; point de cris affectés, pas le moindre symptôme d'exaltation ou d'entraînement. Tout s'est fait avec persuasion, noblesse et dignité. Seulement on remarqua un peu d'indécision dans les traits du prince, lorsque de plusieurs points de la salle quelques personnes le saluèrent tour à tour des noms de Louis XIX, Louis Ier, Philippe Ier, et Philippe VII. Le procès-verbal de la séance a dissipé toute incertitude à cet égard.

De vives et nombreuses acclamations accueillirent le roi des Français à la sortie du palais de la Chambre. La foule s'empressait autour du cortége, qui se composait, comme à l'arrivée, d'un détachement de la garde nationale à cheval, et d'un bataillon de la même garde ; la musique, comme en venant, jouait l'air de *la Marseillaise;* le peuple encombrait le quai d'Orsay, les murs, les fenêtres et les toits des maisons voisines; le roi encore à cheval, et sans autre escorte que ses deux fils et quelques officiers d'état-major, saluait affectueusement. Plusieurs personnes s'approchaient de lui et lui serraient la main; d'autres prenaient la main de ses enfants en leur adressant des pétitions ou des compliments. Les princesses suivaient dans une voiture découverte attelée de deux chevaux. Les mêmes applaudissements accompagnèrent le cortége royal jusqu'au palais, et jusqu'à la nuit firent retentir les cours et les galeries.

Le lendemain, une scène familière que je ne crois pas indigne d'être rapportée vint apprendre aux Parisiens quel prince populaire on venait de placer sur le trône.

Louis-Philippe, qui ne pense pas que son titre de roi lui impose l'obligation de rien changer à ses habitudes, le mardi, dans l'après-midi, prit un parapluie sous son bras, parce que le temps paraissait disposé à la pluie; vêtu d'un habit simple, sans suite, il traversa le jardin de son palais, sortit par le perron, et s'achemina, avec la tranquillité, nous dirons presque l'insouciance d'un bon bourgeois, le long de la rue Vivienne, regardant les figures et y lisant le bonheur qu'avait fait naître dans tous les cœurs son avénement au trône. Il fut reconnu, et bientôt ce bonheur dont il voyait l'expression sur tous les visages eut besoin de faire explosion. Des cris de *vive le Roi* retentirent autour de lui. Pressé par une foule ivre de joie, et voyant bien qu'il ne pouvait aller plus loin, il se décida à retourner à son palais, où il fut, pour ainsi dire, porté par les citoyens au milieu des acclamations universelles.

Espérons que les Français, qui jusqu'à ce jour n'ont entrevu leurs souverains que sur un char de triomphe et entourés d'une garde menaçante, s'accoutumeront à voir leur roi se confondre parmi eux pour connaître leurs désirs et leurs besoins, et qu'ils comprendront qu'il doit avoir, aussi bien que le plus obscur citoyen, la liberté de se promener dans les rues de la capitale.

Louis-Philippe n'avait pas attendu son avénement au trône pour payer les services rendus à la cause nationale dans les journées des 27, 28 et 29 juillet. Les récompenses qu'il avait accordées firent éclater un nouvel héroïsme, qui prouva qu'aucune vertu n'est étrangère à la jeunesse française.

Parmi les défenseurs des libertés nationales, les écoles polytechnique, de droit et de médecine s'étaient couvertes de gloire. On avait trouvé les vaillants élèves qui les composent partout où il y avait des ennemis à combattre et des dangers à courir. Le prince lieutenant général avait offert à chaque école un certain nombre de croix de la Légion-d'Honneur, et laissé aux élèves le soin de choisir parmi eux ceux de leurs camarades qu'ils jugeraient les avoir le mieux méritées, et la satisfaction de les leur offrir.

Cette jeunesse, aussi généreuse que brave, crut n'avoir fait que son devoir en volant au secours de la patrie, et jugea la récompense au-dessus de son mérite. Elle la refusa, non par dédain, mais avec noblesse et dignité, et comme devant être le prix de plus longs services. Voici la lettre aussi modeste que touchante qu'à cette occasion l'École polytechnique écrivit au général Gérard. Elle mérite d'être tracée en lettres d'or dans les fastes de cette école, comme un monument qui l'immortalise autant que la bravoure et le talent des élèves.

« Mon général, nous venons, au nom de l'École polytechnique, vous exprimer notre reconnaissance au sujet des croix d'honneur que l'on a bien voulu nous accorder; mais cette récompense nous paraissant au-dessus de nos services, et d'ailleurs aucun de nous ne se jugeant plus digne que ses camarades de l'accepter, nous vous prions de nous permettre de ne pas la recevoir.

« Il est maintenant une grâce que nous vous demandons. Un de nos camarades, Vanneau, a succombé dans la journée du 27. Nous recommandons à votre bienveillance son père, employé du gouvernement dans les contributions indirectes.

« Nous recommandons encore à votre bienveillance, mon général, un de nos camarades, Charras, injustement renvoyé de l'École par le général Bordesoulle, à cause de ses opinions. Nous demandons qu'il rentre dans nos rangs, où il a si bien servi ces jours derniers.

« Au nom de l'École polytechnique, les deux élèves envoyés au ministère par leurs camarades.

« *Signé* J. DUFRESNE, F. FERRI PISANI. »

Le 7 août 1830.

Les étudiants des écoles de droit et de médecine imitèrent les élèves de l'École polytechnique, et remercièrent de vive voix ou par écrit le prince lieutenant général. Ces nobles jeunes gens ne voulurent point d'autre récompense, pour avoir servi vaillamment leur pays, que le bonheur de lui avoir rendu la liberté.

Pendant que ces choses se passaient à Paris, Charles X s'éloignait à petites journées et en faisant de fréquents séjours. Le 7 août, au soir, il n'était encore qu'à l'Aigle, distant de vingt-huit lieues de la capitale, où il coucha, ayant encore avec lui environ douze cents hommes et deux pièces de canon. La duchesse d'Angoulême faisait fréquemment une partie de la route à pied, en prétendant que sa santé exigeait qu'elle prît de l'exercice.

Cette lenteur affectée avait une cause. La cour, avant de s'éloigner beaucoup, voulait savoir le parti que prendraient les chambres législatives dans la circonstance où l'on se trouvait, et se tenir prête pour un retour que l'on ne regardait pas comme impossible, et qui pouvait avoir lieu par suite d'une victoire du parti absolutiste, que l'on ne croyait pas en pleine et entière déroute.

Le 8, le cortége arriva à Argentan. Il eut connaissance d'une proclamation extrêmement sage du maire de cette ville. Ce fonctionnaire, parlant de Charles X avec le respect dû au malheur, conjurait ses concitoyens de s'abstenir de tout cri injurieux au monarque, les avertissant qu'une conduite contraire serait une lâcheté qui déshonorerait la ville. Sa voix fut écoutée.

Le roi séjourna le 9 à Argentan, et assista à la messe. Malgré le séjour indiqué, l'ordre du départ fut donné et révoqué trois fois dans la matinée. On avait répandu le bruit dans les campagnes, que la ville d'Argentan était à feu et à sang, que les gardes-du-corps se battaient avec les bourgeois. A cette nouvelle, les paysans sautèrent sur leurs faux, leurs fourches, etc., et accoururent au secours de leurs concitoyens. A leur arrivée, on les convainquit de la tranquillité de la ville, et ils retournèrent à leurs travaux. Ce fut à Argentan que la cour reçut, le 9, la nouvelle de la proclamation de Louis-Philippe Ier, comme roi des Français.

Pendant ce temps, un général que Napoléon accusait de vol et de lâcheté, cherchait à soulever les populations de la Vendée, en faveur du parti absolutiste. S'il les crut disposés à arborer d'autres drapeaux que ceux de la constitution et de la liberté, il fut bientôt détrompé.

Forcé de fuir de la ville de Nantes, le lieutenant général Despinois, accompagné de M. de Vaussay et de sa famille, de M. Messey, sous-intendant militaire, de deux aides de camp, de M. de Kersabiec et autres ultras, se dirigea sur Paris ou Saint-Cloud. Une partie du 10e régiment reçut ordre de l'escorter pendant quelques lieues seulement, jusqu'à ce qu'il fût en sûreté. Deux escadrons de cuirassiers qu'il avait appelés à Nantes, n'ayant pu pénétrer dans la ville par les ponts qu'on avait coupés, avaient longé la rive gauche de la Loire, passé ce fleuve à Saint-Julien, et se dirigeaient sur Nantes, quand ils rencontrèrent la troupe fugitive; le général leur donna l'ordre de le suivre.

Arrivé à Ancenis, Despinois apprit la chute de Charles X et son abdication. Changeant alors de résolution, il voulut retourner à Nantes; mais tous les énergumènes qui l'entouraient parvinrent à lui faire entendre que la Vendée allait se lever, qu'il ne s'agissait que de s'y montrer pour faire prendre les armes à toute la population; qu'il serait facile d'y former un noyau auquel se réuniraient bientôt tous ceux qui, en France, tenaient au gouvernement du roi. Ces hommes, dont l'arrogance et la sotte prétention de valoir mieux que les autres venaient de perdre le roi, perdirent encore le général Despinois. Il se laissa entraîner et résolut de se jeter dans la Vendée.

Vingt et quelques officiers, trois cents sous-officiers et soldats, refusèrent de le suivre plus loin, se séparèrent de lui, et se dispersèrent; une partie retourna à Nantes. Tous ceux qui restaient autour du drapeau manifestaient hautement leur répugnance à passer la Loire et la ferme volonté de ne jamais prendre part à aucune guerre civile; M. Despinois leur promit sur l'honneur de les laisser libres d'aller où bon leur semblerait, si la guerre civile venait à éclater dans la contrée qu'ils allaient traverser. Ils se résignèrent alors à le suivre encore pendant quelques jours; son grand âge et son grade engageaient à ne point l'abandonner à son malheureux sort.

Cependant les présomptueux ultras qui le suivaient, se jouant des serments et des promesses, n'en allaient pas moins à leur but; car ils firent enlever d'Ancenis toute la poudre qu'ils purent y trouver; on donna ordre d'aiguiser les sabres, et d'embarquer pour se diriger sur Beaupréau. Ce ne fut que le sabre à la main et à force de prières et de menaces qu'on vint à bout de faire embarquer les soldats.

Toute cette troupe, forte d'environ sept cents hommes, et que le sous-intendant M. de Messey qualifiait fastueusement *d'état-major général de la* 12e *division militaire*, arrive à Beaupréau. Quelques hommes dévoués à la congrégation se mettent aussitôt en devoir de travailler les sous-officiers et soldats; on défonce des barriques de vin, on *régale* les soldats, on fait tout au monde pour les entraîner dans le parti anti-libéral; mais vains efforts : l'ivresse de quelques militaires n'occasionne qu'un malheur. Un enfant dormait paisiblement dans son berceau ; un soldat pris de vin décharge imprudemment son fusil dans la porte de la maison, et la balle traverse le berceau, les deux bras et le corps de l'enfant.

Une autre scène se passa au château. M. de Civrac reçoit avec politesse les chefs et ceux des officiers dont on se croyait assuré ; il les invite à dîner, mais en même temps il leur signifie que leur espoir de soulèvement n'est qu'une chimère ; que la Vendée toute royaliste-constitutionnelle refuse de se lever, et qu'il serait même imprudent d'y chercher un asile. Ces messieurs désappointés se séparent alors, et chacun s'en va de son côté.

Le général Despinois, le sous-intendant militaire de Messey avec les deux aides de camp, se décident à gagner la Rochelle et à s'y embarquer. On donne le signal du départ, et toute la troupe se dirige sur Chollet.

Cependant les journaux sont accablants pour eux ; les événements de Paris ont culbuté le roi. On s'avance à marches forcées, à deux heures du matin on se trouve devant Chollet : mais le drapeau tricolore y flotte déjà, et la résistance y est organisée. On se contente de tourner la ville, et par une marche forcée on gagne le bourg de Mortagne. Là on se repose un instant ; la désertion éclaircit les rangs, les soldats murmurent, les officiers parlent hautement de leur mécontentement ; on repart bientôt, et l'on se rend coucher aux Herbiers, point central le plus important du Bocage.

Transportons-nous un instant dans cette ville.

A la réception de l'ordre du sous-intendant de Messey, qui demandait des vivres, des fourrages, des logements et des transports pour 700 hommes et 200 chevaux, on fut indécis un instant sur la question de savoir si l'on devait ou non les accorder ; mais un fonctionnaire municipal trancha la difficulté en s'écriant : « Eh ! « qu'importe ? après tout, ne sont-ils pas « nos frères ? Refuserions-nous du pain à « des Français ? »

Sur le soir, les cuirassiers arrivent; ils descendent le mont des Alouettes au milieu d'un nuage de poussière. C'était l'image parfaite d'une déroute. Deux voitures arrivent ensuite au grand galop; c'étaient MM. Despinois, de Messey et les deux aides de camp; enfin, vers les dix heures du soir, les faibles restes du 10e entrent en ville. Hommes, chevaux, tout est épuisé de fatigue. Partis précipitamment au milieu de la nuit, ne croyant qu'aller conduire le lieutenant général à une lieue ou deux, ils n'avaient emporté ni linge ni argent; tous témoignent le plus grand mécontentement, et la désertion a réduit leur nombre à près de moitié.

La plus affectueuse hospitalité leur est accordée; les habitants s'empressent autour d'eux; on pourvoit à tous leurs besoins; ce sont des hôtes, des amis que l'on reçoit; jusqu'aux plus pauvres veulent en avoir; plus de vingt ménages, qui n'ont qu'un lit, passent la nuit sans se coucher afin de leur céder leurs lits, et, pour ne pas les mortifier, on décide que les couleurs nationales que l'on devait arborer le lendemain matin. ne le seront qu'après leur départ.

Le général et sa suite avaient l'air consternés. Les cuirassiers reçurent l'ordre de se tenir prêts à partir sur les deux heures du matin; mais l'infanterie, qui, depuis trois jours et trois nuits, n'avait pas cessé de marcher et de bivaquer, ne dut partir que dans le courant de la journée.

A deux heures du matin, les cuirassiers se mettent en route, décidés à regagner Fontenay, lieu où ils étaient auparavant en garnison. Vers les huit heures, les voitures du général partent pour Bourbon-Vendée, et l'infanterie reste seule aux Herbiers.

« Où nous mène-t-on? que ferons-« nous? disaient entre eux les officiers du « 10e; tous nos soldats murmurent et nous « abandonnent. Il est cependant de l'in-« térêt du gouvernement, quel qu'il soit, « de conserver nos hommes sous les dra-« peaux. » On propose alors d'arborer les couleurs nationales et de regagner Nantes par les chemins ombragés de la traverse; on offre même de les conduire jusqu'à Clisson par les inextricables détours des bois, de les devancer ensuite à Nantes, pour annoncer cette nouvelle augmentation de défenseurs de la liberté. Cette proposition prévaut d'abord, mais la nouvelle de l'arrivée du général Lamarque à Bourbon-Vendée change bientôt la disposition des esprits. « Allons à Bourbon-« Vendée, s'écrie-t-on de toutes parts, le « général Lamarque nous y donnera des « ordres, et nous saurons ce que nous « devons faire. »

Ce parti était le plus sage, il fut suivi. Sur les trois heures le rappel bat; chacun, en disant adieu à son hôte, lui serre affectueusement la main. On se réunit, la musique joue un air national, et le régiment défile en bon ordre sur la route de Bourbon-Vendée, bien décidé, dans le cas où le général Lamarque ne s'y trouverait pas, à signifier au général Despinois qu'on s'arrêtait là, et qu'on ne le suivrait pas plus loin.

C'est à la nuit tombante qu'on arrive aux Essarts, petit bourg trop peu considérable pour loger toute la troupe. Cependant la nuit est orageuse, la pluie tombe par torrents, et le lendemain les rangs désorganisés offrent des vides effrayants.

On dit que M. Desplantis, conseiller de préfecture, administrant provisoirement le département de la Vendée, vint au devant du général et de la troupe; que M. Despinois, interrogé sur le motif qui l'amenait à Bourbon-Vendée, répondit qu'il n'avait d'autres intentions que celle d'y passer pour se rendre dans son pays. Sur l'observation qui lui fut faite relativement à ce qu'il n'avait pas encore arboré les couleurs nationales, il dit qu'il les arborerait volontiers s'il en avait à sa disposition; on lui en présenta sur-le-champ, et il s'en décora. On en présenta également aux troupes; à l'instant même officiers et soldats les arborèrent avec enthousiasme: on se dirigea tous ensemble vers

Bourbon-Vendée, et l'on y fut accueilli par des frères d'armes et la garde nationale, avec lesquels on fraternisa.

Ainsi finit cette équipée du général Despinois : on donne ici les faits tels qu'ils ont eu lieu, sans rien ajouter ni rien retrancher. Il ne reste plus qu'une observation à faire ; c'est que le rédacteur de *l'Ami de la Charte* a été induit en erreur, relativement à ce qui s'est passé à Beaupréau. Il est faux qu'on y ait fait sonner le tocsin ; il est plus faux encore qu'on ait réuni douze à quinze cents hommes. Bien loin de là, monsieur le sous-préfet de Beaupréau, MM. de Civrac, de la Bretesche, de Vésins, etc., s'opposèrent énergiquement à toute tentative de soulèvement, menaçant de renvoyer tous ceux de leurs métayers qui prendraient les armes et ne reconnaîtraient pas le gouvernement actuel. Mademoiselle Larochejaquelein, persistant à vouloir faire prendre les armes, fut vivement apostrophée par un de ces messieurs, qui la renvoya à ses fuseaux. M. le comte Chabot s'opposa égalcment avec fermeté à ce qu'on troublât la tranquillité publique. Mademoiselle Larochejaquelein seule voulut en essayer ; elle fit sonner le tocsin dans six communes, et parvint à réunir sept hommes qui la suivirent jusqu'à Pouzanges, d'où ils s'en allèrent chez eux.

Le gouvernement français n'avait jamais douté du patriotisme des habitants des départements de l'ouest. Néanmoins, comme d'anciens chefs de chouans parcouraient les communes et qu'ils pouvaient tromper les gens des campagnes, on jugea qu'il valait mieux avoir à prévenir les désordres qu'à les réprimer et les punir. Le général Maximilien Lamarque, qui se trouvait à Bordeaux, reçut ordre de se transporter dans la Vendée, qu'il avait pacifiée presque sans effusion de sang en 1815. Cet officier général, arrivé à sa destination, trouva le pays dans un état parfait de tranquillité, et il eut la satisfaction de l'annoncer aux habitants par la proclamation suivante :

Le lieutenant général Maximilien Lamarque, commandant supérieur des 4e, 10e, 11e, 12e *et* 20e *divisions militaires, aux habitants de la Vendée.*

« Au premier bruit des tentatives faites pour rallumer parmi vous la guerre civile, j'accours avec des forces capables de l'étouffer. De Bayonne à Perpignan de nombreux bataillons sont en marche pour se ranger sous mes ordres. C'était avec un profond sentiment de douleur que, pour la seconde fois, je venais vous combattre; c'est avec un inexprimable bonheur que j'apprends que vous avez repoussé de criminelles propositions. Ainsi, la faction qui voulait nous asservir s'est trompée sur vous comme sur nous; elle croyait, dans son insolent délire, que, vils et lâches, nous courberions, sans murmurer, le front sous le joug de l'arbitraire, et que vous seriez, vous, les instruments de ses infâmes projets. Vain espoir! la France s'est levée tout entière pour défendre ses droits; d'un souffle, elle a anéanti ses incorrigibles ennemis, et vous avez prouvé que vous étiez les dignes enfants de cette grande nation, qui vient, dans quelques jours, d'acquérir plus de gloire que nous n'en avions conquis dans vingt ans de combats.

« Vos pères ont couvert de leurs ossements cette terre au nom de la royauté; nous y avons versé des flots de sang au nom de la *liberté*. Eh bien! ces deux besoins de notre ordre social sont maintenant réunis et confondus dans la monarchie constitutionnelle. Avec elle, un roi soumis aux lois ne peut pas impunément abuser de son pouvoir; avec elle, la liberté, contenue dans de justes limites, ne peut jamais dégénérer en licence. Rallions-nous donc autour de ce prince que le vœu de la France entière vient d'élever sur le pavois : honnête homme, il ne violera pas ses serments; vieux soldat de Jemmapes, il aimera les braves; roi-citoyen, il réparera tous les maux de la patrie.

« Au quartier général de Bourbon-Vendée, le 11 août 1830.

« *Le lieutenant général*, Max. Lamarque. »

La cour de Charles X, qui dut apprendre les dispositions des hommes en qui elle avait placé ses dernières espérances, et qui dut acquérir la conviction que sa cause n'excitait plus le moindre intérêt, ne pouvait cependant se décider à voyager plus vite qu'elle ne l'avait fait jusque-là. Elle mit trois jours pour traverser le département de l'Orne. Cette lenteur excita l'étonnement des départements de la Normandie qui attendaient son passage, pour lequel des relais de poste avaient été préparés. Une masse considérable de garde nationale se portait spontanément sur la route de Paris à Cherbourg pour accélérer la marche du cortége. Il pouvait se glisser du désordre dans ces bataillons, le général Rémond partit avec une mission du ministre de la guerre pour en prendre le commandement et protéger l'arrivée de Charles X à sa destination. M. de la Pommeraie, député du Calvados, se réunit aux commissaires.

Le 10 août, à huit heures un quart du matin, le roi traversa Falaise, se rendant d'Argentan à Condé sur Noireau. Son escorte se composait de quatre compagnies des gardes-du-corps, et d'une compagnie des gendarmes d'élite. Plusieurs voitures de cour précédaient la sienne, dans laquelle se trouvaient avec lui les ducs Armand de Polignac et de Luxembourg. Le duc d'Angoulême marchait à cheval sur le devant, au milieu de l'état-major. Madame la duchesse d'Angoulême, la duchesse de Berry, le duc de Bordeaux et Mademoiselle, étaient dans les autres voitures avec leur suite nombreuse. Cinquante à soixante cabriolets et fourgons, avec tous les gens de la maison, avaient défilé pendant près d'une heure en avant du cortége : il y avait peut-être 1,500 personnes, tant en gardes qu'en officiers de la suite des princes. Le nombre des chevaux était encore plus considérable.

En traversant la ville, le roi paraissait fort attentif à lire une dépêche; le duc d'Angoulême saluait le peuple, ainsi que les enfants de France; madame de Berry paraissait profondément affligée. Charles X jouissait en apparence d'une bonne santé.

Le roi descendit d'abord dans une auberge, au sortir de la ville, sur la route de Bretagne, et il y but un verre d'eau. On lui avait préparé un déjeûner dans une petite maison de campagne, appelée *la Lacelle*, située sur la bruyère de Vanembras; mais il ne s'y arrêta point. Il fit halte un peu plus loin, à Miette, à une demi-lieue environ de la ville, et se fit servir à déjeûner dans une auberge de mince apparence, et dans une chambre que ne fréquentent guère que des ouvriers. La famille s'assit sur des bancs, et prit son repas au milieu du public, qui circulait à l'entour. Cette scène dura au moins une heure. Le roi et les princes s'entretinrent avec plusieurs personnes de toutes les classes, puis repartirent pour Condé, où ils arrivèrent dans la journée, et où ils couchèrent.

Le roi Louis-Philippe avait prêté serment à la nation sur la Charte constitutionnelle; la nation devait un serment au roi. C'était aux Chambres à prendre l'initiative, et à donner l'exemple. Dès le lendemain de la séance solennelle du 9, on s'occupa de cette formalité sans laquelle deux des pouvoirs législatifs ne pouvaient continuer à exister.

Ainsi le 10, à la Chambre des pairs, on s'occupa d'adopter une formule de serment; et, par respect sans doute pour ce qui existait, on décida qu'elle serait la même que celle qui était admise depuis 1815, à toutes les séances royales, et qui consiste en ces mots :

« Je jure d'être fidèle au roi, d'obéir à
« la Charte constitutionnelle et aux lois
« du royaume, et de me conduire en tout
« comme il appartient à un bon et loyal
« pair de France. »

Eu égard aux circonstances, on trouva cette formule un tant soit peu entachée de jésuitisme, car il n'était point dit que le roi auquel on jurait d'être fidèle fût le roi Louis-Philippe; que la Charte à laquelle on promettait obéissance fût la Charte amendée par les deux Chambres.

Il eût été bon de ne point laisser de vague dans une déclaration de cette importance; on ne le fit pas, et sans doute la conscience de plus d'un pair se trouva grandement soulagée et se crut à l'abri de tout reproche, au moyen d'une restriction ou d'une explication mentale.

Les ducs de Chartres et de Nemours répondirent les premiers à l'appel, se levèrent et dirent : « Je le jure. »

La très-grande majorité des pairs présents à la séance firent serment sans observation.

Le duc d'Avaray dit : Je le jure pour conserver la paix de mon pays.

Le marquis de Dreux-Brezé : Je le jure, parce que c'est le seul moyen de contribuer au salut de ma patrie.

Le vicomte de Dambray, appelé à son tour, se lève et dit : Ma conscience et mes affections m'ordonnent de m'abstenir de siéger à la Chambre; mon vieux serment ne me le permet pas.

Le noble pair se retire à l'instant de la salle.

Le duc de Duras : Je le jure, pour le bonheur de la France.

M. le duc de Fitz-James prend la parole : « Absent de France depuis quelques jours pour un voyage de courte durée, j'apprends tout à coup qu'un effroyable coup de tonnerre a éclaté sur la France, et que la famille des rois a disparu dans la tempête. Le bruit du canon qui proclamait un nouveau roi semblait m'attendre hier à mon entrée dans la capitale, et dès aujourd'hui je suis appelé à cette Chambre pour y prêter un nouveau serment. Je ne me suis jamais fait un jeu de ma parole, et pour moi la religion du serment fut toujours sacrée. Je n'avais jamais prêté que deux serments dans ma vie : le premier à Louis XVI, de sainte mémoire, presque au sortir de mon enfance ; le second, en 1814, à la Charte constitutionnelle, dont les principes étaient depuis long-temps entrés dans mon cœur, et que je vis avec transport devenir la loi de la France. Je porte le défi à tout être vivant de pouvoir m'accuser d'avoir été infidèle à ces deux serments. Vous me rendrez peut-être la justice de convenir que dans cette Chambre je n'ai jamais émis devant vous une opinion qui ne fût motivée sur le texte même de la Charte, et j'atteste l'honneur que depuis seize ans mon cœur n'enferma jamais une pensée qui n'y fût conforme. Éprouvé par le malheur presque à mon entrée dans la vie, j'appris de bonne heure dans l'adversité à me soumettre aux décrets de la Providence, et à me roidir contre les orages. On sait depuis long-temps dans ma famille ce que c'est que de rester fidèle à la cause désespérée, et à cet égard nous n'en sommes plus à notre début.

Sans doute, je pleure et je pleurerai toujours sur le sort de Charles X : long-temps honoré de ses bontés, personne, plus que moi, ne sut connaître toutes les vertus de son cœur ; et même, lorsque, trompé par des ministres imbéciles encore plus que perfides ; lorsque, trop vainement, hélas! je cherchai à lui faire entendre la vérité, que l'on mettait un soin si criminel à lui déguiser, j'atteste encore, j'attesterai toujours ne lui avoir jamais entendu exprimer que des vœux pour le bonheur des Français et la prospérité de la France. Cette justice, mon devoir est de la lui rendre! Ces sentiments, qui vivront à jamais dans mon cœur reconnaissant, et qui m'étoufferaient si je ne leur donnais un libre cours, j'aime à les répandre devant vous, et je plains celui qui s'en offenserait. Oui, jusqu'au dernier souffle de ma vie, tant qu'une goutte de sang fera battre mon cœur, jusque sur l'échafaud, si jamais je dois y porter ma tête, je confesserai à haute voix mon amour et mon respect pour mon vieux maître; je dirai qu'il ne méritait pas son sort, et que les Français, qui ne l'ont jamais connu, ont été injustes envers lui. Mais en ce moment moi-même je ne suis que Français, et dans la situation où il se trouve, je me dois tout entier à mon pays. Cette grande considération du salut de la France est sans doute la seule qui ait pu porter tant d'esprits sages à promulguer avec une telle précipitation les actes qui depuis six jours ont décidé des destins de la France. Tout était consommé, et vous avez vu l'anarchie prête à nous ressaisir et à nous dévorer. De tels motifs ne pouvaient me trouver sourd à leur influence; c'est à eux seuls que je sacrifie tous les sentiments qui depuis cinquante ans m'attachaient à la vie; ce sont eux qui, agissant sur moi avec une violence irrésistible, m'ouvrent la bouche pour prononcer le serment que l'on exige de moi. »

Divers pairs de France jurèrent d'après les motifs exprimés par le duc de Fitz-James, et déclarèrent partager ses sentiments. Cent trois membres présents à la séance prêtèrent serment.

La prestation de serment de la Chambre des députés eut lieu dans la séance du 11. Plusieurs membres, absents pour le moment, donnèrent leur démission par écrit. Un très-grand nombre jurèrent sans observation; quelques-uns crurent devoir motiver ainsi qu'il suit la formalité qu'ils remplissaient.

M. le vicomte d'Abancourt : Le cœur

navré de douleur à la vue des malheurs d'une famille que j'ai toujours fidèlement servie, mais convaincu que le pacte fait entre elle et la nation a été violemment rompu le 25 juillet, et surtout le jour où un ministère coupable a refusé d'arrêter les flots de sang français qu'il faisait répandre, je ne vois plus que mon devoir envers mon pays, et je jure, sans restriction ni réserve, plein de confiance dans le prince que la nation s'est choisie. (Bravos et applaudissements.)

MM. d'Hautpoul et *Bizien du Lézard* s'en référèrent à ces motifs.

M. Agier : S'il ne s'agissait que d'affections et d'intérêts individuels, je pourrais hésiter à prêter le serment demandé ; mais il s'agit de l'intérêt général. J'ai consulté ma conscience ; elle me dit qu'il faut préserver mon pays de toute espèce d'anarchie, et comme je ne voudrais pas m'exposer, par une imprudente hésitation, au reproche de voir ma patrie dans l'incertitude et le désordre, comme je suis convaincu qu'en violant un serment sacré, on m'a délié des miens, je jure sans restriction.

M. Becquey : Tout le monde connaît mon dévouement à la légitimité. Je fais donc en ce moment le plus grand sacrifice que je puisse offrir au repos et aux intérêts de mon pays, en disant : *Je le jure.*

M. Jacquinot de Pampelune jure en partageant les mêmes sentiments.

M. de Berbis : Dans les précédentes séances, j'ai cru, en mon âme et conscience, ne pouvoir pas prendre part à la délibération de la Chambre sur la vacance du trône, ni à la déclaration qui en était la conséquence ; mais, dans les circonstances urgentes, extraordinaires où nous nous trouvons, je crois devoir adopter la devise : *Salus populi, suprema lex esto,* et, dans l'intérêt de mon pays uniquement, je jure sans réserve ni restriction.

MM. Béranger, Lafond, Mestadier et *de Sassenay* s'en référèrent à cette déclaration.

M. de Brigode, avant de prêter serment, demande ce qu'on entend par *fidélité,* et ce que veut dire *obéissance*. Comme personne ne se leva pour le lui dire, il jura toujours, en attendant qu'il le sût.

Le serment de *M. de Corcelles* donna lieu à un léger débat, que nous allons rapporter. On l'appelle.

M. de Corcelles : Je le jure, sauf l'approbation de la nation française, qui me paraît indispensable, et que j'attends aux prochaines élections. (Vives et nombreuses réclamations.)

Plusieurs voix : Ce n'est pas un serment, c'est une restriction.

M. de Corcelles, se levant de nouveau : Je dis que je jure, et que j'attends l'approbation de la nation française. (Nouvelles réclamations.)

M. le président : M. de Corcelles ne proteste pas; il jure, sauf une idée personnelle qu'il croit devoir émettre. Au reste, je lui demande s'il entend jurer consciencieusement.

M. de Corcelles : Je jure consciencieusement; mais, s'il arrivait que la nation française... (Exclamations qui couvrent la voix de l'honorable membre.)

A gauche : M. de Corcelles a dit : *Je le jure* ; cela suffit.

M. de Berbis : Il y a là une restriction.

M. le président : Il n'y a pas de restriction ; le serment est prêté sauf un événement qui n'est pas probable. C'est un vœu, un serment provisoire. (Bruit.)

On continue l'appel nominal.

M. de Berbis se levant de nouveau : Mais il n'y a pas lieu à recevoir le serment de M. de Corcelles.

M. le président : J'ai dit que M. de Corcelles avait franchement et loyalement prêté son serment, et M. de Corcelles n'a pas réclamé ; donc il n'y a pas de réserve qui puisse l'invalider.

Le silence se rétablit un instant, et l'appel nominal continue. Mais bientôt les réclamations recommencent.

M. le président : Je demande que la Chambre me fasse connaître sa volonté. (Aux voix ! aux voix !)

Voix à gauche : Sans doute le premier

serment de M. de Corcelles ne pouvait pas être reçu ; mais ensuite il a dit : *Je le jure !* et dès-lors cela suffit.

M. le président : Je demande formellement à M. de Corcelles de déclarer s'il a entendu prêter serment... Mais je le vois occupé à rédiger ses observations. Nous allons donc continuer l'appel nominal, en attendant qu'il s'explique. (Le silence se rétablit.) Après quelques instants :

Plusieurs voix : Et le serment de M. de Corcelles... Nous désirons qu'il s'explique positivement.

M. de Corcelles, à la tribune : Convaincu que le consentement de la nation française est indispensable à la validité de l'opération à laquelle nous venons de nous livrer, je fais des vœux pour que le consentement soit manifesté dans le plus court délai possible : *Je le jure.*

Le même jour, 11 août, Charles X, parti de Condé-sur-Noireau, arriva à Vire à midi et demi avec sa famille et sa suite, dans laquelle on remarquait encore le duc de Raguse à cheval, le duc de Luxembourg, le duc de Polignac, frère de l'ex-ministre, le duc de Crussol. Le roi et sa famille se promenèrent depuis six jusqu'à sept heures du soir dans les bosquets attenant à la maison où ils avaient été reçus, et dont on avait fait retirer tout le monde.

On rapporte que dans la matinée du 12 Charles X pleura beaucoup; en partant, la duchesse d'Angoulême paraissait verser des larmes et se couvrait les yeux de son mouchoir; la duchesse de Berry était profondément affectée; les enfants, avec l'heureuse ignorance de leur âge, jouaient et saluaient. Le duc d'Angoulême, qui était venu à cheval, repartit en voiture parce qu'il pleuvait; sa physionomie était celle d'un homme chez lequel la pensée et la sensibilité sont éteintes.

Les commissaires, ainsi que M. de la Pommeraie, député, occupaient la même voiture; trois cents gardes nationaux sans armes formaient la haie depuis l'entrée de la ville jusqu'à la rue du Calvados; le plus grand ordre et la plus grande tranquillité régnèrent constamment tant que dura le passage du cortége. Charles X remarqua que nulle part il n'avait vu autant qu'à Vire de cocardes tricolores.

Les hommes des quatre compagnies des gardes-du-corps, presque au complet, marchaient avec ordre et observaient la plus sévère discipline. C'est à tort qu'on a dit qu'ils allaient à la débandade, sans casque et sans armure ; ils avaient leurs sabres et leurs pistolets, seules armes qui leur fussent attribuées. Quelques-uns d'entreux, chassés comme ils se trouvaient des dépôts de Versailles et de Saint-Germain, et qui avaient voulu suivre le roi, n'étaient pas régulièrement équipés ; mais tous, à l'exception de douze ou quinze, étaient en tenue de route, aussi sévèrement qu'on pouvait l'exiger.

Jusque-là, le roi avait voyagé sans être entouré ou suivi d'autres troupes que celles qu'il avait sous ses ordres. Cet état de choses inspira de l'inquiétude le long de la route. Trois cents hommes du 12e régiment de ligne étaient partis de Caen le 11 à huit heures du soir, et venus, ainsi que des gardes nationaux, de Tinchebray et de Domfront, camper à Tracy et à Maisoncelles, avec des soldats du 52ᵉ, des dragons à cheval et à pied, amenés par le général Rémond. Ces forces arrivèrent à Vire après le départ de Charles X, et en repartirent le 12 pour le suivre à la même distance.

Le 13 août, la Chambre des députés fit pour la première fois usage du droit que la Charte lui accorde d'accuser le ministère et de le traduire à la Chambre des pairs constituée en haute cour criminelle. Jamais ministère ne mérita plus d'être mis en accusation. Le sang des citoyens fumait encore et demandait vengeance aux mandataires du peuple. Ce fut M. Eusèbe Salverte qui parla au nom des victimes. Le discours qu'il prononça, que nous ne rapporterons pas, à cause de son étendue, et qu'on connaît, est la meilleure réponse qu'on puisse faire au fameux rapport du 25 juillet.

Tout marchait avec rapidité. Le roi et

le ministère, appuyés sur l'opinion publique, travaillaient douze et quinze heures par jour à jeter les bases d'un gouvernement en harmonie avec la Charte constitutionnelle modifiée et amendée. Un léger mouvement d'impatience se manifestait peut-être; le peuple aurait voulu recueillir les fruits de la victoire aussi rapidement qu'il avait vaincu; mais tout était tranquille, et cette impatience ne se manifestait que par des discours mesurés qui n'avaient rien d'alarmant. Ces discours, tenus à voix basse, furent entendus par les débris du parti qu'on venait d'abattre; et quoiqu'il eût échoué déjà deux fois, il essaya une troisième d'exciter des troubles intérieurs. Des hommes de l'ancienne cour, toujours comme auparavant vêtus du costume des ouvriers, des agents de la police Mangin, et des gendarmes déguisés, parcouraient les faubourgs, se glissaient dans les groupes qui se formaient à la chute du jour pour converser des événements qui venaient d'avoir lieu, s'introduisaient dans les cabarets, s'asseyaient à côté des buveurs, trinquaient avec eux, et leur offraient de l'argent pour les engager à se soulever. Ils leur parlaient de la rareté des travaux, du bas prix de la main-d'œuvre, du préjudice que leur portaient les machines mécaniques, et les excitaient à les briser et à demander le renvoi des ouvriers étrangers, dont la concurrence leur ôtait une grande partie de leurs moyens de travail.

Ces manœuvres criminelles donnèrent lieu dans la soirée du 15 à quelques rassemblements qui n'avaient rien d'hostile, et qui n'inquiétèrent personne. Le 16, vers six heures du soir, une troupe d'hommes pris de vin se portèrent rue du Chemin-Vert, faubourg Saint-Antoine, à la fabrique des roues par procédés mécaniques, en manifestant l'intention de briser les machines. Bientôt toute la garde nationale du quartier fut sur pied avec un commissaire de police. Quelques-uns des perturbateurs furent arrêtés; parmi eux se trouvaient des jeunes gens de quatorze à quinze ans, sur lesquels on trouva d'assez fortes sommes; l'un d'eux avait soixante francs. Ils avouèrent que deux messieurs bien mis leur avaient donné cet argent, en les engageant à provoquer leurs camarades à briser les mécaniques. Parmi les hommes arrêtés se trouvèrent encore des repris de justice et des forçats libérés.

On ne déploya, pour ramener la tranquillité un moment compromise, que les moyens que nous venons d'annoncer. Quant aux véritables ouvriers, la persuasion suffit pour leur montrer qu'on cherchait à les égarer, et que, loin d'atteindre leur but, ils le détruisaient. M. Charles Dupin, leur professeur et leur ami, dans une proclamation, leur rappela la bravoure et la générosité qu'ils avaient déployée pendant la bataille et après la victoire. Il les engagea à ne pas se laisser aller à de perfides suggestions, à respecter la gloire qu'ils avaient acquise, et à ne pas descendre du rang qu'ils venaient de prendre, celui des premiers ouvriers de l'Europe.

Quant à la demande qu'ils formaient, ayant pour but d'obtenir le renvoi des ouvriers étrangers, le préfet de police, à qui ils l'adressèrent, leur dit que si on renvoyait de Paris les ouvriers des royaumes voisins, les ouvriers français qui, dans toute l'Europe, obtenaient la préférence, seraient chassés eux-mêmes des autres États, et reflueraient en France pour y exercer une concurrence de laquelle on n'aurait pas le droit de se plaindre; que d'ailleurs ceux qu'ils prenaient pour étrangers étaient pour la plupart des Alsaciens ou des Dauphinois, que le langage mêlé d'allemand et d'italien faisait prendre pour des étrangers.

La congrégation échoua une troisième fois, comme elle échouera toujours toutes les fois qu'elle voudra égarer les classes laborieuses. Les ouvriers lisent et sont instruits aujourd'hui. Beaucoup ont pris, dans des régiments, l'habitude de l'ordre, de la discipline; les uns et les autres ont du juste et de l'injuste des notions précises, et savent s'arrêter quand la liberté devient licence, et que ses actes portent atteinte aux droits et aux propriétés.

Des ministres signataires des fatales ordonnances du 25 juillet, qui avaient voulu avoir une coopération égale à la destruction des libertés publiques, et qui avaient accepté la solidarité résultant d'un pareil attentat, trois, MM. de Montbel, d'Haussez et Capelle, étaient parvenus à sortir de France. M. de Peyronnet se trouvait prisonnier à Tours, où MM. de Chantelauze et Guernon de Ranville ne tardèrent point à aller le joindre. Il ne restait que M. de Polignac, dont, en raison de son titre de président du conseil, l'arrestation mérite les honneurs d'un récit particulier et détaillé.

Pendant que les journaux français annonçaient que M. de Polignac avait été vu en Belgique, sur les côtes maritimes de la Hollande, en Angleterre même, il errait dans la Normandie, caché sous un déguisement, et tâchant de gagner la côte pour passer de là hors de France. Enfin on apprit à Paris qu'il avait été arrêté à

Granville dans la nuit du 15 au 16 août.

Il voyageait avec la marquise de Saint-Fargeau, qui le faisait passer pour son domestique. Il s'était d'abord caché auprès de Saint-Hilaire-Duharcouet, chez un vieux gentilhomme nommé M. du Bourblanc d'Apreville. Un sieur Sémolé, ancien directeur de la police à Gand, lors des événements qui forcèrent la famille royale à quitter Paris le 20 mars 1815, le conduisit à Granville à travers le pays, déguisé en domestique, et le logca dans un cabaret de mince apparence.

Là, on le vit rôder pendant plusieurs jours dans les environs ; on remarqua qu'il faisait des sorties pendant la nuit, qu'il affectait de s'absenter pendant les repas, et de se détourner chaque fois qu'il voyait entrer un étranger. D'un autre côté, on fut surpris que madame de Saint-Fargeau, qui était descendue dans le principal hôtel de Granville, en sortît trois fois dans la journée du 15 pour aller dans un méchant cabaret parler à un homme mal vêtu, et dont les manières aisées et de bon ton contrastaient avec les habits qu'il portait. Le domestique prétendu devint suspect. A onze heures du soir, on entre dans le cabaret; deux gardes nationaux de Granville pénètrent dans sa chambre, malgré l'attestation que leur donnait l'aubergiste qu'il était parti. Ils le surprennent; l'un d'eux, en lui montrant un pistolet, lui dit de s'asseoir, ce qu'il fait en se détournant et en cachant sa tête dans ses deux mains.

Avez-vous des papiers? lui disent les deux gardes nationaux. — Non; de quel droit me les demandez-vous? — Le droit ne fait rien à l'affaire. Si vous n'en avez pas, nous allons vous conduire en prison. Pressé par de nouvelles questions, il se dit au service de madame de Saint-Fargeau. Cette dame, interrogée de son côté, fait des réponses en complet désaccord avec son prétendu domestique. Ils sont mis en présence l'un de l'autre, et l'on n'obtient d'eux rien de satisfaisant. Malgré les protestations de madame de Saint-Fargeau, qui criait que l'on commettait un acte arbitraire, le personnage inconnu fut arrêté, garrotté et conduit à la prison de la ville.

Appelé à la mairie le 16 dès quatre heures du matin, son identité fut reconnue à l'instant. Ayant demandé à parler en particulier à M. Le Mengnonnet, maire, ce qui lui fut accordé par la commission municipale, il manifesta des craintes sur sa sûreté personnelle. Quand on l'eut assuré qu'il ne lui serait fait aucun mal s'il découvrait son nom, il avoua qu'il était le prince de Polignac.

Comme on manquait de chevaux de poste pour le conduire au chef-lieu dans une voiture particulière, on le fit partir par la diligence accompagné de plusieurs gardes nationaux de bonne volonté. A Coutances, quelques volontaires de la garde nationale renforcèrent son escorte. Dans cette dernière ville, on cria *à bas Polignac! vive la charte!* La force armée eut peine à contenir le peuple, qui suivit la voiture fort loin sur la route. Comme on n'avait pas osé s'arrêter à Coutances et qu'on avait besoin de se restaurer, on fit halte à Saint-Gilles, bourgade à une lieue et demie de Saint-Lô. La diligence arriva dans cette ville à trois heures et demie après midi.

On avait cru devoir arrêter aussi madame de Saint-Fargeau et la conduire à Saint-Lô. Le jour même de l'arrivée, cette dame et l'ex-président du conseil furent immédiatement conduits à la préfecture, où se réunit la commission départementale, et où arrivèrent de suite le président du tribunal civil, le procureur du roi et le juge d'instruction. Les personnes qui avaient vu précédemment M. de Polignac furent appelées et le reconnurent malgré son déguisement et l'altération de ses traits. On ne lui voyait pas de chemise, et probablement il n'en avait pas changé depuis longtemps. Ses bottes, sa redingote et son chapeau étaient dans un si triste état qu'on l'aurait pris pour un mendiant vagabond.

Le procureur du roi ne crut point devoir se récuser. Invoquant les lois en faveur d'un homme qui les avait toutes violées, il requit, attendu qu'aux termes de l'art. 34 de la Charte, un pair de France ne peut être arrêté et mis en jugement que d'après un ordre de la Chambre des pairs; attendu d'ailleurs que le juge d'instruction n'était ni celui du domicile du prévenu, ni celui du lieu où avait été commis le délit, ni enfin celui du lieu où avait été arrêté le prisonnier, que le juge d'instruction de Saint-Lô se déclarât incompétent.

Malgré ces conclusions, la commission départementale se crut autorisée à procéder. Elle ordonna la mise en liberté de madame de Saint-Fargeau, qui reprit aussitôt la route de Paris. Par mesure de sûreté publique, et dans l'intérêt même de M. de Polignac, on ordonna le dépôt de sa personne dans la maison d'arrêt, pour y rester jusqu'à ce que le gouvernement, à qui une estafette fut expédiée, eût donné des ordres. M. Dubois jeune, avocat du barreau de Saint-Lô, voulut bien se charger de la mission de venir à Paris chercher ces ordres.

M. de Polignac, loin de se plaindre de

la mesure que l'on prenait contre lui, ayant vu l'effervescence populaire, demanda, pour sa propre sûreté, qu'on voulût bien lui donner la prison pour asile.

Il y fut conduit au milieu d'une double haie de gardes nationaux et de troupes de ligne. Pour imposer davantage au peuple qui faisait entendre des vociférations de sinistre augure, les membres des commissions départementale et municipale l'avaient placé au milieu d'eux; et cependant ce ne fut qu'avec des efforts inouïs que la force armée qui l'escortait put franchir, au milieu de deux mille habitants, le court trajet de cent cinquante pas environ qu'il y avait à faire, pour se rendre de la préfecture à la prison. Des bras s'avançaient à travers les rangs pour le saisir; on vit un homme le menacer d'un pistolet, et les cris de *mort à Polignac, il faut pendre le brûleur,* se faisaient entendre. Il était pâle de fatigue et d'effroi, et n'osait promener les yeux autour de lui.

Les postes de la garde nationale et de la

troupe de ligne furent doublés. Un officier de l'une et l'autre arme et deux fusiliers furent placés dans sa chambre; deux autres fusiliers firent la garde sur le palier, et cinq sentinelles eurent ordre de se promener nuit et jour autour de la prison.

L'ex-ministre reconnut, dans un lieutenant de gendarmerie, un ancien volontaire royal de 1815, avec lequel il paraît avoir eu alors des relations; et comme ils commençaient à se parler à voix basse, on crut devoir les inviter à parler haut ou à cesser l'entretien. M. Destourmel, ancien préfet de la Manche, demanda une entrevue particulière avec le prisonnier. On la lui refusa.

Dans son interrogatoire, M. de Polignac ne montra ni courage ni dignité. Il ne sut que se retrancher derrière un nom qu'il avait bien cruellement compromis, et que l'on respectait encore, malgré l'effervescence du jour. Il dit qu'il n'avait jamais voulu sortir de la Charte, qu'il avait résisté aux ordonnances, qu'il n'avait cédé qu'à une volonté supérieure, et que les pièces saisies chez lui le prouveraient. Il demanda comme une grâce la permission de rester à Saint-Lô, et pria que l'on retardât l'ajournement des poursuites contre sa personne, espérant qu'un délai calmerait les passions, que seules il croyait déchaînées contre lui.

Charles X, tout en s'éloignant de la capitale et en se disposant à offrir à une terre étrangère le grand et terrible spectacle d'un souverain déchu, était traité en roi et commandait encore. Chaque soir il donnait l'ordre comme aux Tuileries et à Saint-Cloud; il indiquait l'heure du départ, le lieu de station du lendemain matin, celui du coucher et même du séjour, et ses dispositions étaient ponctuellement suivies.

Le vendredi 13, il arriva à Valognes, et témoigna le désir de séjourner dans cette ville le samedi et le dimanche. Il n'y eut point de contradiction. Les commissaires, rassurés par les sentiments bien connus de tous les pays environnants, profitèrent de ces deux jours pour se rendre à Cherbourg et y accélérer les préparatifs de l'embarquement. Les deux jours furent employés par Charles X à des exercices religieux, dans lesquels il chercha des consolations aux malheurs que d'indignes conseillers ont appelés sur lui et sur sa famille.

Le dimanche, il se rendit avec elle à l'église, assista à la messe de huit heures, et y communia. Pendant tout son séjour, il put s'assurer de l'esprit de la contrée, dont tous les habitants étaient accourus en foule pour contempler ces débris d'une grande puissance; un instinct de générosité et de compassion naturelle comprimait seul l'expression des ressentiments que les événements de Paris devaient exciter.

Dans le silence d'une population nombreuse, il y avait une leçon plus instructive et plus terrible que dans des cris de reproche ou des menaces. Du reste, les couleurs nationales arborées sur tous les édifices, portées sur tous les habits, étaient assez significatives, et ce spectacle, qu'il était impossible de cacher à l'ancienne cour, parlait assez haut pour être compris.

Charles X portait un simple frac bleu, sans aucune espèce de décoration, et un chapeau rond. Son visage, quoique sensiblement abattu, portait néanmoins l'empreinte d'une certaine résignation.

Le dauphin était revêtu d'un habit de couleur; il portait un chapeau gris; sa démarche brusque et irrégulière, combinée avec l'exiguïté de sa taille et le peu d'expression de sa physionomie, prêtait peu d'intérêt à sa personne et peu de dignité à son malheur.

Madame la dauphine, dans un costume extrêmement négligé, paraissait sentir plus vivement sa position, et ses yeux rougis par des larmes abondantes annonçaient assez tout ce que son infortune actuelle ajoutait dans son âme au souvenir de ses anciennes douleurs.

La duchesse de Berry paraissait plus affectée que les autres membres de sa famille. Cela se conçoit facilement. Elle avait sous les yeux ses deux enfants, qui, quoique déjà en âge de compatir à sa douleur, semblaient cependant en ignorer la cause et l'étendue. Leur visage à l'un et à l'autre était calme.

Madame de Gontaut était, de toutes les personnes de la suite, celle qui paraissait le plus sensiblement émue.

L'escorte militaire était, à Valognes, de sept à huit cents hommes, dont la majeure partie se composait de gardes-du-corps; le reste était de la gendarmerie d'élite; il s'y trouvait aussi quelques cavaliers de différents corps. Tous portaient la cocarde blanche. Cette vue excita quelques murmures, qui cessèrent bientôt, sur la promesse donnée que ces militaires la quitteraient immédiatement après l'embarquement de la famille royale.

Les deux journées du samedi et du dimanche furent occupées à évacuer sur Cherbourg les nombreux fourgons chargés des meubles, caisses, effets destinés à être embarqués. On en porte le nombre à soixante-dix. Ce nombre est peut-être un peu exagéré; un témoin oculaire, d'après ce qu'il a vu défiler, estime qu'il n'est pas possible de le porter à moins de cinquante. Sept chariots ou fourgons restèrent à Valognes pour ne partir qu'avec la famille. On supposa que c'étaient ceux qui renfermaient la vaisselle, les bijoux et l'argent monnayé.

Le lundi 16, sur les observations des commissaires, Charles X se décida enfin à partir pour Cherbourg. Au moment où il se disposait à monter en voiture, il désira témoigner sa reconnaissance aux officiers, sous-officiers et soldats qui, restés fidèles à sa fortune, l'avaient accompagné jusque-là, et se préparaient à le suivre encore au lieu de son embarquement. En conséquence, l'ordre du jour suivant, rédigé et imprimé de la veille, fut lu et distribué aux troupes.

« Le roi, en quittant le sol français,
« voudrait pouvoir donner à chacun de ses
« gardes-du-corps et à chacun de mes-
« sieurs les officiers, sous-officiers et sol-
« dats qui l'ont accompagné jusqu'à son
« vaisseau, une preuve de son attache-
« ment et de son souvenir.

« Mais les circonstances qui affligent
« le roi ne lui laissent pas la possibilité
« d'écouter le vœu de son cœur. Privé
« des moyens de reconnaître une fidélité
« si touchante, S. M. s'est fait remettre
« les contrôles des compagnies de ses
« gardes-du-corps, de même que l'état
« de messieurs les officiers-généraux su-
« périeurs et autres, ainsi que des sous-
« officiers et soldats qui l'ont suivi. Leurs
« noms, conservés par M. le duc de Bor-
« deaux, demeureront inscrits dans les
« archives de la famille royale, pour at-
« tester à jamais et les malheurs du roi et
« les consolations qu'il a trouvées dans un
« dévouement si désintéressé.

« Valognes, le 15 août 1830.

« Charles.

Le major-général,

« Maréchal duc de Raguse.

Par ordre du roi,

« Le prince de Croï-Solre. »

A neuf heures du matin, le cortége se mit en route.

Tant que le voyage avait duré, la famille royale s'était flattée, comme nous l'avons dit, qu'un événement heureux et imprévu viendrait changer quelques-unes des dispositions de l'arrêt que le destin avait prononcé contre elle. De là, ces lenteurs, ces fréquents séjours. A Saint-Lô, elle avait commencé à perdre toute espérance, et on remarqua l'abattement mêlé à la douleur dans la physionomie du roi et dans celle des deux princesses. En partant de Valognes, la disposition des esprits était encore la même. Le duc d'Angoulême seul ne cessait pas son béat sourire, et semblait n'être pour rien dans le grand événement qui chassait du trône et de la France son père, sa famille et lui-même.

Les commissaires arrivèrent à Cherbourg à midi, et de suite se rendirent au grand port. Quelques gardes-du-corps, partis en avant, arrivèrent aussi; et comme ils portaient à leur chapeau la cocarde blanche, les ouvriers du port poussèrent des cris qui firent craindre qu'il n'arrivât quelque malheur. Heureusement on n'en vint point aux voies de fait.

Le cortége royal entra dans Cherbourg à une heure précise, et, sans s'arrêter, se rendit au port. Au moment que Charles X traversa la ville, précédé de deux compagnies de gardes-du-corps, et suivi de deux autres compagnies des gendarmes des chasses, qui seules formaient son escorte, toutes les fenêtres des maisons étaient encore pavoisées des drapeaux tricolores qui avaient été arborés pour célébrer l'avénement de Louis-Philippe. Comme plusieurs personnes de la suite du roi portaient encore la cocarde blanche, ce signe de ralliement produisit sur les habitants le même effet que les cocardes des gardes-du-corps avaient produit, une heure auparavant, sur les ouvriers du port. La foule poussa des cris de réprobation. Mais tous les murmures s'apaisèrent, quand on eut assuré, comme on l'avait fait à Valognes, que, lorsque le roi serait embarqué, les hommes qui portaient encore la cocarde blanche la remplaceraient par les couleurs nationales.

Tout était prêt, lorsque les voitures arrivèrent sur le port. Le *Great-Britain* et le *Charles-Caroll*, navires américains qui, par une rencontre singulière, se trouvèrent appartenir à Joseph Napoléon, roi détrôné d'Espagne, étaient en mesure de mettre sur-le-champ à la voile, pour porter sur la terre de l'exil un autre roi détrôné et sa famille.

Toutes les personnes de l'escorte, formant environ six à sept cents personnes, se réunirent sur le port pour assister à l'embarquement.

Le roi, avant son arrivée, avait exprimé le désir de faire embarquer des chevaux de prix sur la corvette de l'État qui devait l'escorter. Déjà même on se disposait à faire des frais pour l'installation d'une écurie à bord de ce navire; mais un général envoyé à Cherbourg par le gouvernement s'opposa à cette disposition, en disant que si l'ex-roi n'avait pas assez d'espace à bord des navires américains, il en affrèterait d'autres, les bâtiments de l'État n'étant pas faits pour lui servir de transports.

D'une première voiture descendirent

d'abord M. de Damas, M. de Mesnard, madame de Gontaut et le duc de Guiche. Ils gagnèrent précipitamment le navire. Madame de Gontaut s'arrêta devant M. le maréchal Maison, et lui dit : « Qu'il est cruel, monsieur le maréchal, de quitter la France ! » Les yeux de madame de Gontaut étaient remplis de larmes, et sa figure annonçait la plus profonde douleur.

La voiture royale contenait Charles X vêtu d'un simple frac bleu ; le dauphin en redingote olive, avec un chapeau gris sur la tête ; la dauphine, plus que simplement habillée ; le duc de Bordeaux, Mademoiselle, la duchesse de Berry, coiffée d'un chapeau d'homme et revêtue d'une amazone. Le duc de Bordeaux descendit le premier ; le dauphin le conduisait ; il donnait le bras à la dauphine, dont les traits étaient altérés au-delà de toute expression. La figure de Charles X était abattue, ses yeux étaient fatigués, mais il conservait du calme.

La figure du dauphin se faisait remarquer par le contraste qu'elle offrait avec l'expression douloureuse des autres membres de la famille déchue; ses yeux clignotants, sa bouche, son nez en perpétuelle contraction, donnaient à sa physionomie un air de joie que les spectateurs ne pouvaient concevoir. Un officier arrivant de Paris s'approche de lui : « Eh bien ! lui dit-il, est-on tranquille là-bas? — Oui, monseigneur, parfaitement tranquille. — Ah ! ah ! ah ! et les barricades, eh ! — Il n'en reste plus de traces. — Ah ! ah ! ah! ils n'ont donc plus peur ! » Et le dauphin de s'agiter, de sauter comme si cette nouvelle lui faisait le plus grand plaisir. Madame la dauphine, qui comprenait sans doute ce qu'un pareil interrogatoire avait de pénible pour le roi et les autres membres de la famille, y mit fin brusquement en congédiant l'officier.

Avant l'embarquement, la famille exilée remercia les personnes qui l'avaient accompagnée jusque-là. La duchesse de Berry donna sa main à baiser à tous les officiers, et en embrassa même plusieurs. La duchesse d'Angoulême fit également ses adieux, mais avec moins de larmes et de sensibilité. Elle dit à l'un d'eux qui pleurait : « *Tranquillisez-vous, monsieur, nous nous reverrons bientôt.* » Marmont, sortant du *Great-Britain* pour s'embarquer sur le *Charles-Caroll*, prit la main d'un officier et lui dit également : « Adieu, nous nous reverrons bientôt. »

Après les adieux, les membres de la famille royale entrèrent, avec une résignation plus ou moins courageuse, dans le navire qui devait les transporter loin de la France. La duchesse de Berry paraissait accablée de douleur. Arrivée dans le paquebot, elle jeta la queue de sa robe d'un air indigné. Ce premier mouvement d'humeur passé, elle se mit à pleurer avec amertume. Les enfants paraissaient assez indifférents, cependant Mademoiselle demandait à sa mère et à sa tante pourquoi elles versaient ainsi des larmes.

A deux heures l'embarquement fut fini, le convoi mit immédiatement à la voile. Les commissaires du gouvernement constatèrent ce fait par le procès-verbal suivant, que l'on rendit public par la voie des affiches et des journaux.

« Nous, commissaires délégués auprès

du roi Charles X pour le conduire lui et sa famille à Cherbourg, et veiller à leur sûreté, nous étant transportés à bord du navire américain *la Grande-Bretagne*, avons constaté que le roi Charles X, LL. AA. RR. Louis-Antoine, dauphin, madame la dauphine, M. le duc de Bordeaux, madame la duchesse de Berry et Mademoiselle, ont été embarqués sur ce navire le 16 du mois d'août 1830, à deux heures, et à trois heures précises ont quitté le rivage de France pour faire voile vers la côte d'Angleterre. De tout quoi nous avons dressé le procès-verbal, et l'avons signé et fait signer par le préfet maritime du port de Cherbourg, présent audit embarquement. »

Ainsi se termina ce voyage si douloureux et si long pour la famille infortunée qui l'entreprenait. Bercé long-temps d'espérances illusoires, Charles X put acquérir l'affligeante conviction que, ni dans les départements, ni à Paris, sa cause n'inspirait plus le moindre intérêt. Au reste, quelque grands que fussent les mécontentements du peuple, le roi n'eut point la douleur d'en entendre l'explosion. Pendant quinze jours que le cortége royal employa pour se rendre de Rambouillet à Cherbourg, le silence le plus religieux fut observé le long de la route. Cette marche lugubre et solennelle, ce vieillard qui, lors de son voyage dans nos départements de l'est, avait été accueilli avec tant d'acclamations ; cette fille des rois qu'on avait reçue avec un si profond attendrissement, cette princesse étrangère que la France avait adoptée, ces deux enfants si tôt privés de leur père, tout ce qui restait enfin de la branche aînée de la maison royale, s'avançant lentement vers l'exil et allant chercher un tombeau sur une terre étrangère, firent naître plus d'un soupir, et des larmes coulèrent. Mais ces marques d'intérêt, que réclamait une grande infortune, ne firent en rien chanceler la résolution prise de vivre sous l'empire des lois et de la liberté. On s'attendrit, mais l'avenir de vingt générations peut-être était là. Le peuple voulut, de cette volonté ferme, persistante, et qui est plus immuable que celle des rois. Son arrêt s'exécuta.

APPENDICE.

Le convoi se composait de quatre bâtiments, savoir : des deux navires américains le *Great-Britain*, le *Charles-Caroll*, et des bâtiments la corvette *la Seine*, et le cutter *le Rôdeur*, ces deux derniers portant les couleurs nationales. Cette division était sous les ordres du commandant Dumont d'Urville.

Pour la traversée, Charles X avait un habit et un pantalon bleus, sans aucune décoration ; le duc d'Angoulême, vêtu de noir, en bottes à la russe et en chapeau blanc, portait un ruban rouge ; la duchesse de Berry portait, sur son bonnet, un chapeau d'homme à larges bords ; et le soir, une simple redingote par-dessus sa robe. A cinq heures, le convoi signala la route pour Portsmouth. Dès six heures, on aperçut distinctement l'île de Wight. Le ciel était pur, la mer belle, et la brise favorable. La famille était dans des dispositions d'esprit assez calmes, et montrait même de la gaîté. Voici les noms des principaux passagers qui accompagnèrent la famille royale sur le *Great-Britain* : Madame de Gontaut, le duc de Luxembourg, le marquis de Choiseul, le duc de Raguse, le comte O'Hégerty, le baron de Damas, MM. de la Villate et de Barbançon, mademoiselle Vachon, le docteur Bougon, l'abbé Bourdeville ; puis des femmes de chambre, des serviteurs, etc. ; en tout quarante-sept personnes, y compris Charles X et sa famille.

Le 17 au matin, il tomba une pluie à gros grains qui cessa vers les neuf heures. Les princes et princesses ne paraissaient point affligés ; madame de Berry tricotait, et se rappelait que *le Rôdeur*, l'année dernière, lui servait pour ses promenades dans la rade de Dieppe. A neuf heures, le pilote anglais monta à bord, et son bateau se dirigea vers Portsmouth, en tirant de temps à autre un coup de pierrier, probablement pour annoncer l'arrivée du roi et de sa famille. A midi, la division doubla le stationnaire de l'île de Wight.

MM. de Choiseul et de Luxembourg partirent à deux heures pour Londres, et un quart d'heure après on mouilla devant Portsmouth. Le commandant en chef vint faire une visite à Charles X, qui resta découvert plus d'une demi-heure. Par suite de cette conférence, un bateau à vapeur arriva à huit heures du soir, et remorqua les navires jusque devant la petite ville de Cowe.

Le 18, à sept heures, madame la dauphine et madame de Berry, avec les enfants de France, descendirent à Cowe, et logèrent à l'hôtel de la Fontaine. Charles X et le dauphin ne voulurent point débarquer. A midi, le duc de Raguse prit congé définitif, et partit pour Londres. Une demi-heure après, l'amiral Folley vint à bord, puis le marquis d'Anglesey, qui, ainsi qu'on le voit par les inscriptions à Waterloo, a perdu une jambe à cette bataille. Bientôt arriva M. d'Haussez, l'ex-ministre, et avec lui le cardinal de Latil, qui eut en particulier un long entretien avec le duc d'Angoulême. Le 19 au matin, le commandant d'Urville partit pour Portsmouth pour rendre visite à l'amiral et traiter du salut. Dans la même journée, on vit passer un bateau à vapeur portant un grand drapeau tricolore, et le cutter *le Groenland* apporta de Cherbourg des ordres pour M. d'Urville. Madame la dauphine revint à bord.

Le journal anglais le *Times* dit que Charles X a été saigné quatre fois pendant son séjour sur le navire ; ce fait est matériellement faux. La santé de ce prince n'a pas subi la moindre altération, et son médecin ne lui a pas même tâté le pouls. Quant au dauphin, sa santé était également bonne ; mais son esprit était affecté, et il l'avouait avec franchise, en disant : « J'ai l'air bien résigné, n'est-ce « pas. Je ne suis pas aussi gai que je le « parais. »

Tant que Charles X resta sur le *Great-Britain*, la messe se célébrait à dix heures. Le roi admettait à sa table MM. de Damas, de Luxembourg et de Choiseul. La plupart des passagers étaient partis avec tant de précipitation, qu'ils n'avaient point eu le temps d'emporter leur garde-robe, et qu'ils n'avaient que les habillements dont ils étaient vêtus. Ils étaient également sans argent. La famille royale elle-même n'était pas plus riche, et il ne paraît pas que la caisse du roi contînt plus de 336,000 francs. Toutes les personnes de sa suite continuaient à qualifier Charles X de sire, et le duc de Bordeaux de *monseigneur*, ce qui, ainsi que la proclamation du 15 aux troupes de l'escorte, était en désaccord avec l'acte d'abdication adressé le 2 au lieutenant général.

Dans tous les entretiens qui avaient pour sujet les événements qui venaient de se passer, la famille royale paraissait persuadée que ces événements étaient le résultat d'un coup monté à l'avance, et d'une conspiration depuis long-temps ourdie. Les personnes de sa suite partageaient cette opinion, et aucune ne voulait comprendre qu'ils n'avaient été ni médités ni préparés, mais qu'ils étaient la suite des fatales ordonnances du 25 juillet.

Les membres de la famille royale conversaient familièrement avec les officiers de l'équipage. Monsieur le dauphin, abordant un jour le commandant Dumont d'Urville, lui dit, en élevant la voix : « Vous êtes un savant, vous ; eh bien ! « vous êtes un libéral ; tous les savants « sont libéraux. » On annonça à bord que le roi d'Angleterre allait se rendre à bord pour assister à la fête des yachts. « Il n'y « viendra pas, dit le prince, il sait que « nous sommes ici. » La famille contemplait l'île de Wight, dont l'aspect est enchanteur pendant les mois d'été. « Cela « ne vaut pas notre belle France, » dit madame de Berry en gémissant.

Charles X parcourait avec curiosité la partie déjà terminée du dernier voyage de découvertes du commandant Dumont d'Urville, et invitait cet officier à lui raconter les principaux événements de la campagne de *l'Astrolabe*. Il rit en apprenant que cette corvette, ramenée avec une cargaison pour les sciences naturelles, et qui depuis a transporté des monuments de l'architecture égyptienne et les canons de Lapérouse, avait été transformée par M. d'Haussez en *bateau-bœuf* pour l'expédition d'Alger, d'où elle vient de rapporter onze millions. Ayant su que le lieutenant de vaisseau Lottin avait été envoyé en mission à Alger avant la guerre, Charles X voulut bien le lendemain lui adresser une foule de questions, d'abord sur ce pays, ensuite sur la colonie de Botany-Bay.

Le même lieutenant Lottin était appuyé sur le bastingage, lorsque M. le duc d'Angoulême, venant à lui et saisissant un bouton de son habit, lui dit : « Raguse va « écrire ses Mémoires. Mais faire entrer « des troupes dans les rues de Paris... « cela ne se conçoit pas. Il a une dent « contre moi, parce que je ne lui ai pas « donné l'expédition d'Alger : il était sur « la liste que j'ai présentée à mon père. « Raguse est brave comme son épée ; mais « vous ne vous figurez pas ce que le roi a « payé pour lui. Parce que je n'employais « pas les maréchaux, on a dit que je ne « les aimais pas. Pourquoi ça ? c'est qu'il « n'y a plus pour eux de récompenses

« possibles, tandis qu'un général voit de-
« vant lui le bâton de maréchal. »

Pendant que Charles X attendait des réponses de Londres, il reçut différentes visites de la Grande-Bretagne : sir Thomas Folley et lady Lucy Folley, ainsi que le général sir Colin Campbell, lui présentèrent leurs respects personnels. La duchesse d'Angoulême, la duchesse de Berry et les enfants de France descendaient souvent à terre. Le 20, elles firent une promenade en voiture du côté de Freshwater. Le roi, qui avait d'abord manifesté l'intention de vivre retiré dans le Devonshire, témoigna celle de se fixer dans l'île de Wight, et de demander à louer Norricastle, séjour de feu lord Seymour; mais il changea encore d'avis.

Quelques conditions que Charles X avait mises à sa demande de débarquer en Angleterre, et qui furent rejetées par le duc de Wellington, amenèrent des retards dans la réponse qu'on attendait. Ayant enfin appris officiellement le 21 qu'il serait reçu seulement comme simple particulier, le roi prit le nom de comte de *Ponthieu*; le dauphin et la dauphine choisirent celui de comte et de comtesse de *Marnes*. Un bateau à vapeur vint prendre une partie des effets. Les voitures et le restant des bagages furent transportés le lendemain sur un semblable bateau.

Le 23 août, à sept heures du matin, un des bateaux à vapeur accosta le convoi. Avant de descendre, Charles X, le dauphin et les princesses adressèrent des remercîments au commandant d'Urville pour ses procédés et sa conduite loyale pendant leur séjour. A huit heures précises, les Bourbons partirent sous pavillon anglais pour aller débarquer à Weymouth. Charles X et son fils passèrent ainsi sur le *Great-Britain* cent soixante-deux heures ou six jours trois quarts.

A peine débarquée, la famille royale se rendit au château de Lulworth, qui lui avait été offert par M. Wald, et que Charles X avait accepté. C'est là qu'elle réside en ce moment.

FIN

www.ingramcontent.com/pod-product-compliance
Ingram Content Group UK Ltd.
Pitfield, Milton Keynes, MK11 3LW, UK
UKHW020247250726
13967UKWH00004B/1556